여행자의 수첩

엄혜숙 옮김
나카다 에리 글·그림

여행자의 수첩

언니들의 주말 여행 스케치

Urban Sketch

———————

기차 타고 훌쩍 떠나다
도시의 풍경, 오래된 건축물,
우연히 만난 사람들을 그리면서
역사와 문화를 즐기는 여행!

페이퍼스토리

가 본 적 없는 곳을 찾아 무작정 걷고,
현지 사람들을 우연히 만나는 것,
그것만으로도 언제나 가슴이 설렌다.

차례

1. 추억의 건축물을 찾아가는 즐거운 탐방

2. 빈둥빈둥 천천히 도쿄 시타마치 산책

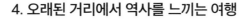

여행을 떠나기 전에

도쿄에 살고 있는 나는 관광지를 찾아다니는 것보다 옛 건물들이 남아 있는 오래된 거리, 상점가, 술집, 유곽 지대 등 특색 있는 장소를 찾아 여행하는 걸 좋아한다. 그 지역에 전해져 내려오는 역사와 숨결, 페이소스를 느끼고 싶다고 늘 생각했다. 가 본 적 없는 곳을 찾아 무작정 걷고, 그곳에서 태어나 계속 살고 있는 현지 사람들을 우연히 만나는 것, 그것만으로도 언제나 가슴이 설렌다.

그 지역의 기후와 풍토에 맞게 지은 집, 제철 음식, 소박하고 검소한 살림살이……. 여행을 하면서 그런 것들과 만나는 것이 여행자들에게는 비일상적인 자극이 된다.

매일매일 분주한 일상을 살고 있기 때문에 휴일에는 기차를 타고 어딘가로 훌쩍 떠나 한가로이 여행하고 싶다. 지역 특산물이나 저장 식품, 발

효 식품 같은 것을 맛보는 것도 해 보고 싶다. 그리고 뭐라고 해도 빠트릴 수 없는 그 지역에서만 맛볼 수 있는 맥주, 와인, 소주의 맛. 맛있는 음식은 언제나 우리를 행복하게 해 준다. 여행지에서 길을 가다 불쑥 들어갔던 가게에서 가게 주인이나 옆자리 손님과 이야기꽃을 피우는 것도 즐거운 일이다.

이 책에서는 내가 마음에 들어 몇 번이나 방문했던 장소부터, 언젠가는 다시 오고 싶다고 생각했던 특별한 장소까지 매우 다양한 곳을 소개하고 있다. 복고풍 건축이나 오래된 집들이 늘어선 거리, 철도, 에키벤(기차역에서 파는 도시락), 맛집 등 일반적인 여행 안내서에는 나오지 않는 다소 특이한 정보를 글과 그림으로 담았다. 이 책을 손에 쥔 한 사람 한 사람이 나만의 여행 스타일을 찾아내면 더할 나위 없이 기쁠 것 같다.

훌쩍 떠나자!

준비물

가볍게 훌쩍 떠나는 것이야말로 여행의 묘미다. 조금 과장해서 말하면, 나는 연필보다 무거운 건 갖고 다니지 않는다. 걷기 편한 신발과 최소한의 짐만 챙겨 떠나는 게 나의 여행 스타일이다. 카메라와 드로잉북, 연필. 수건이 있으면 대중목욕탕이나 온천장에도 들를 수 있고, 짐이 늘어나면 보자기 대용으로도 쓸 수 있다. 고급 호텔이나 레스토랑에서 약간의 사치를 느껴 보고 싶을 때는, 잘 구겨지지 않는 원피스 한 벌을 돌돌 말아 가방에 슬쩍 넣어 두자.

교통수단

교통수단은 철도를 비롯한 대중교통을 주로 이용했다. 전철을 좋아하는 데다, 뭐니 뭐니 해도 대중교통을 이용하면 술을 마실 수가 있어서 좋다. 느긋하게 역마다 서는 열차도 그것만의 깊은 맛이 있고, 특별 열차나 희귀한 열차를 타 보는 것도 즐겁다. 그때그때 형편에 따라 움직이지만, 행선지에 따라서는 하루에 몇 회밖에 운행하지 않는 노선도 있으니까, 공들여 계획을 세울 필요는 없다. 운행시간표에는 계절별 임시 열차나 기념 승차권 발매 등의 정보도 나와 있으니까, 미리 점검해 두면 좋다.

여행에는 언제나 변수가 있기 마련이므로 현지에서 입수한 정보에 따라 임기응변으로 행선지나 시간을 바꿀 수 있도록, 미리 일정을 확정하지 말고, 여지를 남겨 둔다.

숙소·식사

여행지에서는 오래된 여관이나 절충 양식의 클래식 호텔에 묵는 일이 많았다. 산간 지역의 온천이나 명물 향토 음식을 제공하는 숙소라면 그곳에서 식사하고, 거리로 나가 현지 사람을 만나는 것도 즐겁다. 철도 여행을 할 때는 에키벤이나 토속주도 꼭 한번 먹어 보자. 한정 수량의 물건이나 사전 예약이 필요한 경우도 있으므로, 관심 가는 물건이 있을 때는 미리 꼭 체크해 둔다.

11

일러두기

1. 본문 중 ( ) 안은 용어, 인물, 장소의 이해를 돕기 위한 옮긴이의 설명입니다.
2. 인명과 지명은 '외래어표기법'을 참조해 표기했으나 되도록 현지 발음에 가깝게 표기하는 것을 원칙으로 했습니다.
3. 본문 중 시타마치下町는 도시의 상업지역, 번화가를 이르는 말입니다.
4. 목적지까지의 교통수단은 저자가 사는 도쿄를 기점으로 하고 있습니다. 소요 시간은 이동 방법이나 경로에 따라
   달라질 수 있습니다.

1

추억의 건축물을
찾아가는
즐거운 탐방

건물이 연결하는
과거, 현재, 그리고 미래

MARUNOUCHI, YAESU, NIHONBASHI

마루노우치 · 야에스 · 니혼바시 / 도쿄

도쿄역 마루노우치 역사

1914년 다쓰노 긴고(辰野金吾, 1854~1919)가 설계한 외관을 창건 당시의
모습에 충실하게 재현했다. 공습에 의한 전쟁 재해로 남북 돔이 소실되고,
재정난으로 인해 원상태로 복원하지 못하는 어려움도 있었지만, 다시 3층으로
복원해 100여 년 전의 옛 모습을 그대로 되살렸다. 국가 중요 문화재이다.

작은 타파스 요리 9종으로 이루어진
'플레지르', 레드 와인에 신선한 오렌지나 딸기,
시나몬 등의 향신료가 향기로운 '상그리아 라 메종'을 주문해서
먹었다. 도쿄역 100주년 기념 브루어리 맥주 '오라호 비어(Oh!
La! Ho Beer)도 강추!

도쿄 스테이션 호텔

도쿄역에 인접한 클래식 호텔. 숙박시설 외에 10개의
레스토랑, 카페, 바가 들어서 있다. '더 로비 라운지
The Lobby Lounge'는 낮에도 인기지만, 밤이야말로
핫플레이스! 흰색을 기본으로 한 로맨틱한
공간은 사람들의 마음을 사로잡는다. 세로로 긴
커다란 창문에는 커튼이 여유 있게 달려 있고,
클래식하면서도 모던한 느낌의 카펫과 조명 기구,
집기류가 세련됨. 술이나 요리도 우아하다.

千代田区丸の内1-9-1
☎ 03-5220-1111
http://www.tokyostationhotel.jp/

새것과 옛것을 느끼면서
도쿄역 주변을 걸어 보자

2012년에 새롭게 단장해 태어난 도쿄역을 비롯해,
마루노우치, 야에스, 니혼바시는, 최근 활발하게
진행되는 재개발로 주목받는 지역이다. 도쿄역을
중심으로 계속 발전하는 한편, 에도시대부터 현재까지
계속 운영하는 노포나 오래된 유명 건축물도 많다.
구역마다 특징이 있어 재미있다. 쇼핑하는 재미도 있고
맛집도 많다. 도쿄의 새것과 옛것을 느끼면서 걷고 싶은
거리에서 역사를 느끼며 걷는 건축 산책을 해 보자.

처음으로 묵었던
클래식 호텔이 이곳이었다.

세계 도시 '도쿄'의 중심
마루노우치 지역

웅장하고 화려한 멋이 있는 경관이 생겨난 것은
메이지 시대의 일. 경제활동의 중심지이기도 한
마루노우치에는 번성했던 옛 시절의 건물이
지금도 많이 남아 있다.

미쓰비시 1호관

조시아 콘더(Josiah Conder, 1852~1920. 영국의 건축가.
메이지 시대 이후의 일본 건축계의 기초를 쌓았다)가
설계하여 1894년에 세운 마루노우치 최초의 오피스
빌딩. 1968년 해체되었지만, 2010년 같은 자리에
정교하게 복원하여, '미쓰비시 1호관 미술관'으로
재탄생했다. 정밀도가 높은 장인의 기술과 손길로
원래의 공간을 복원해냈다.

千代田区丸の内2-6-2
三菱一号館美術館 ☎ 03-5777-8600

카페 1894

미쓰비시 1호관 미술관 건물 내에 있는 카페
레스토랑. 과거에 은행 영업용으로 사용된
가게 내부는 조명을 늘어뜨린 점잖은 분위기.
이탈리아 요리를 베이스로 한 메뉴 외에, 술도
골고루 갖추고 있어, 비즈니스나 데이트 장소로
추천. 천장이 높아서인지 큰 소리로 이야기해도
신경 쓰이지 않는다.

'안초비 소스를 곁들인 따뜻한 계절 채소
요리'와 '아와지시마 와규 로스트
비프 & 그레이비 소스', 프랑스 맥주 '1664 블랑'.

16

마루 빌딩   신마루 빌딩

마루노우치 빌딩

마루 빌딩이란 이름으로 알려진 오피스 빌딩.
빌딩 주변은 '이치초 뉴욕'이라고 불렸고,
마루 빌딩이 세워진 이후, 건물 높이가 31미터로
통일되어 있다. 정취 있는 처음의 빌딩은 아쉽게도
해체되고, 2002년에 마루 빌딩이 생기고 2005년에
신마루 빌딩이 탄생하면서 지역 전체의 이미지가
바뀌었다.

千代田区丸の内2-7-2
http://jptower.jp

JP 타워

1931년에 세워진 옛 도쿄중앙우체국이, 2013년 JP 타워로 새롭게 치장했다. 외관은 옛 우체국 청사를 재현해, 복합 시설로 활용하고 있다. 상업 시설인 '킷테KITTE'에는 일본 제조업에 대한 자부심이 느껴지는 상품이 구비되어 있다. 우체국장실을 복원하여 만든 기념관 코너도 있고, 옥상정원에서는 도쿄역이 한눈에 보인다.

학술문화총합뮤지엄 '인터미디어테크' (IMT)

JP 타워 내에 있으며, 도쿄대학이 소장한 귀중한 학술표본을 전시. 심플한 공간에 클래식한 전시 케이스가 있어, 표본이 아름답게 돋보인다. 거대한 고래나 기린의 골격이 압권이다. 프랑스 곤충의 작은 표본은 보석처럼 빛난다. 이 귀중한 컬렉션을 무료로 즐길 수 있다니 놀랍다.

http://www.intermediatheque.jp

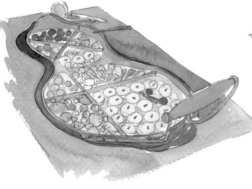

카운터 위에는 거대한 표주박 모양의 구리 냄비가 자리잡고 있는데 표고버섯을 베이스로 가쓰오부시(참치, 가다랑어로 만든 조미료)와 사바부시(고등어로 만든 조미료), 다시마를 섞은 육수가 자랑거리다.

千代田区丸の内1-5-1
☎ 03-5220-2281
http://konakara.com

끝치 오뎅에
XX쯔유

두부전

토란 줄기

카리스 매실주
(매실주는 종류가
다양하다)

감자 오뎅

한펜

닭 양념
요리

연하게 우린
우롱차
(여러가지
생찻잎 메뉴)

팥소 오뎅

곤약

무우

조개가 들어간 오뎅

오뎅탕 '고나카라'

신마루 빌딩 5~7층의 푸드 코트는 유명한 식당가보다 화려해 세계 각국의 다양한 요리가 다 있다. 가장 추천하고 싶은 건 오뎅탕. 겨울은 물론, 여름에도 냉방으로 차가워진 몸을 따스하게 해 준다. 야채나 오뎅을 비롯한 어패류가 풍부한 건강 메뉴로 조금씩 맛볼 수 있어서 좋다.

17

100년 넘은 노포들이 즐비한
니혼바시 지역

이 지역을 상징하는 니혼바시 다리와, 거리의 중심이 되는
백화점 건축에, 재개발로 들어선 빌딩과 타워 등 옛것과 새것이
뒤섞인 니혼바시 지역에서는 전통이나 옛날 그대로의 문화를
손쉽게 만날 수 있다.

니혼바시

에도 막부가 시작된 이래 고카이도(五街道, 현재의 도쿄를 기점으로
한 다섯 개의 주요 도로를 말한다)의 기점이었던 니혼바시日本橋는
일본의 역사와 문화, 경제의 중심지로 발전해 왔다. 다리 옆에는
도로의 기점·종점 또는 경과지를 나타내는 도로원표가 있어,
일본 도로망의 시발점이 된다. 같은 형태와 양식의 석조 아치가
두 개 이어진 현재의 가교는 길이 49미터, 너비 27미터의
석조이런 아치교. 국가 중요 문화재로 지정되어 있다.
2011년 니혼바시 100주년을 기념하여 다리 옆에 '니혼바시
선착장'이 완성되어, 다양한 선박 투어가 가능하다.

미츠코시 백화점 니혼바시 본점

1914년에 세워진 일본 최초의 백화점. 에스컬레이터와
엘리베이터, 난방과 환기 시설 등 최신 설비나 중앙홀은,
이후 백화점 건축의 토대가 되었다. 1927년에는
관동대지진으로 인해 증축과 개축을 해서, 건물 외관이
르네상스 양식으로 바뀌었다. 대리석의 호화로운
중앙홀에는 편백나무 선녀상이 신비로운 분위기를
자아낸다.

中央区日本橋室町1-4-1
☎ 03-3241-3311(代)
http://mitsukoshi.mistore.jp/store/

하이바라

니혼바시에서 200년 이상 영업 중인 일본 종이 가게.
쪽지용 소형 편지지, 편지지, 봉투, 엽서, 돈봉투, 포장용
끈, 작은 주머니 등 고품질의 일본 문구류가 진열돼
있다. 재개발에 따라, 2015년에 이전해 새 점포를 차린
것을 계기로, 자사 상품을 늘려 엄선한 것을 판매한다.
한 장 한 장 장인이 찍어낸 수제 목판 물건이나,
타케히사 유메지를 디자이너로 기용하여 복각한 소형
편지지도 눈에 띈다. 전통 기술을 계승하는 장인의
손으로 만든 부채는, 선물용으로도 환영받을 것 같다.

中央区日本橋2-7-1
☎ 03-3272-3801
http://www.haibara.co.jp

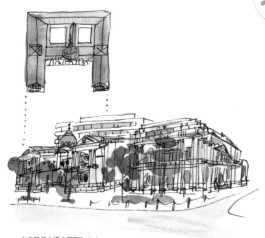

中央区日本橋本石町2-1-1

일본은행

도쿄역과 마찬가지로, 일본 근대건축의
아버지로 불렸던 다쓰노 긴고가 설계했다.
일본은행, 도쿄역, 국회의사당 설계를
하겠다는, 다쓰노의 세 가지 꿈 중 하나가
실현된 것이다. 유럽 유학까지 포함해서
설계에 2년, 시공에 6년이나 걸려 1896년에
준공되었다.

지하상가에 있는 아저씨들의 낙원
야에스 지역

도쿄역과 직접 연결되어 있다. 인근 빌딩과도
연결되어 전체를 파악할 수 없을 정도로 넓은
야에스 지하상가에는 아저씨들로 붐비는
활기 넘치는 술집이 가득하다.

내장꼬치구이 '산로쿠'
내장꼬치구이를 먹는다면 망설임 없이
'산로쿠'를 추천하고 싶다. 월간 5천 명,
연간 6만 명이 방문하는 인기 있는 가게.
신선하고 종류가 다양한 내장은 특수 부위를
조리해 내놓는다. 전채를 샐러드로 해서
건강을 배려하고, 명랑하고 활기차며,
그렇지만 강요하는 것 같지 않게 손님을
맞이한다. 한 번 얼려서 두 가지를 차게 하는
'샤리킨'이란, 유리잔과 바깥은 홋피(코쿠카
음료 주식회사가 1948년에 발매한 맥주 맛의
청량음료)를 차갑게 해서,
속(킨미야 소주)을 얼린 것이다.
얼음을 넣지 않아서 진하다!

中央区八重洲2-1
☎ 03-3243-0369
http://miroku-motsu.jp/

가장 인기 있는 '간 꼬치구이'는 시장이 쉬는
월요일에는 없다. '생선 조림'은 핫초미소(검붉고
짠 된장)로 만든 일본식 요리. 마치 데미글라스
소스(쇠고기와 야채를 볶은 후 수프와 토마토
퓌레를 넣고 끓여서 체에다 거른 갈색의 소스)처럼
진하고 깊은 맛이 난다. 마늘빵과 어울릴 것이다.

하치노스
스네
시로(대장)
타레
서비스
샐러드
꽁꽁
사각
사각
마늘
토스트
단자
생선 조림
샤리킨
(소주를 냉장고에
서 냉동태로 만든 술

베이징요리 '야에스 대반점'
1945년에 작은 중국 요리점으로 출발한
가게. 일본 풍의 장식, 재즈 카페와 서재 같은
취미 공간, 2층 이상은 원탁과 독실,
연회장 등 층마다 콘셉트가 다르다.
첫째로 권하는 것은 '난계탕면'(특제 닭찜
메밀국수). 마음이 놓이는 부드러운 맛이다.

中央区日本橋3-3-2
☎ 03-3273-8922
http://www.chuuka.com/

각지의 것들을 살 수 있다니 너무나 좋아!

마지막으로 체크하고 싶은 것이 여기에!

에키벤야 마쯔리

도쿄역 구내에 있는 에키벤야 '마쯔리'(축제)에는, 전국 각지의 에키벤이 다 모여 있다. 전에 지방에서 먹었던 에키벤을 다시 만나기도 하고, 가 본 적이 없는 고장을 알게 되는 계기도 된다. 게다가 새로운 메뉴를 직접 판매하거나 한정 판매 도시락도 줄지어 있다. 항상 에키벤 대회처럼 상품을 구색에 맞게 골고루 갖추는 일로 흥청거린다. 밤에는 귀가하여 집에서 먹는지, 의외로 여성들의 모습이 눈에 띈다.

니가타역 '미나토마치 니가타 하나야기 도시락'. 두 개의 도시락 중 흰색 용기에는 이와후네 산 '야나기카레이(버들가자미)' 튀김 등 해산물이, 붉은 용기에는 돼지고기와 니가타현 산 고시히카리(벼의 한 품종) 밥이 담겨 있다. 반찬 수가 많아 술안주로도 적합하다(니가타현에 있는 에키벤 가게. '시바타산신켄').

타이메이켄

1931년에 창업한 아주 유명한 서양 음식점. 오랜 역사 동안 배양된 맛과, 검은 얼굴의 3대째 주방장 모테기 코지 셰프는 텔레비전에서도 낯익은 인물. 점심때쯤 되면 날마다, 줄을 선다. 이타미 주조 감독의 영화 〈민들레〉로 인해 유명해진 오므라이스는 물론, 모든 요리가 맛있다.

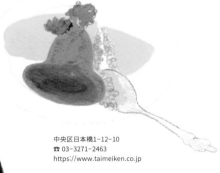

中央区日本橋1-12-10
☎ 03-3271-2463
https://www.taimeiken.co.jp

21

숟가락으로 갈라 보면 걸쭉하게 퍼지는 오므라이스가 대표적인 메뉴. 도쿄역에서는 도시락 형태의 '오므라이스 및 게 크림 크로켓 도시락'을 살 수 있다.

가는 방법

도쿄역 쪽으로는 JR 각 노선 외에, 지하철 마루노우치선이 노선 연장되고 있다.
야에스·니혼바시 쪽으로는 지하철 긴자선 – 도자이선의 '니혼바시역'이나
한조몬선 – 긴자선의 '미츠코시 마에역'에서 내리면 된다.

東京駅 周辺マップ
도쿄역 주변 지도

23

승합마차

요코하마 붉은 벽돌 창고
메이지 말기에 건설된 역사적 건축물을
그대로 이용한 복합 시설은 요코하마
미나토미라이 21 지구의 얼굴이다. 1호관은
콘서트나 이벤트를 할 수 있는 홀이고,
2호관은 쇼핑과 식사를 할 수 있는
상업 시설로 되어 있다. 광장에서는 다양한
이벤트가 열린다.

横浜市中区新港1-1
http://www.yokohama-akarenga.jp

맥주

이발관

우유

가스등

문명개화의 선구가 된 요코하마에서
유행을 따라 멋부리는 기분을 만끽해 보자!

1859년에 개항한 요코하마항. 에도시대부터 시작된
긴 쇄국시대를 마감하고, 인구 500명 정도의 작은 마을
요코하마에서 세계로 열린 도시로서의 역사가 시작되었다.
무역을 위한 항구 건설 등 근대적인 도시 조성이 진행되면서
외국에서 들어온 서양식 건물들도 짧은 시간에 지어졌다.
지금도 시내 전역에 근대건축물이 많이 남아 있다. 공공기관,
은행, 서양식 건물, 민간 수준에 이르기까지 볼 만한 가치가
있는 건물들이 요코하마다운 이국적인 풍경을 만들고 있다.

25

킹의 탑(가나가와현청 본청사)
1928년 건축. 오층탑을 연상케 하는 형태는 쇼와 초기에
유행한 제관 양식의 시초로 알려져 있다. 1996년에
유형문화재로 등록되었다.

横浜市中区日本大通1

잭의 탑(요코하마시 개항기념회관)
요코하마항 개항 50주년 기념사업으로 1917년 완성된
르네상스 양식의 건물. 관동대지진으로 시계탑과 외벽만
남기고 불에 타서 다 사라졌다. 1927년에 초기 건축을
복원해 재건했다. 그때 없어졌던 돔 부분이 1989년에
재건됨과 동시에, 국가 중요 문화재로 지정됐다.

横浜市中区本町1-6

퀸의 탑(요코하마 세관)
1923년 9월 1일에 일어났던 관동대지진으로 청사가 붕괴되고
소실되어, 제도부흥사업(관동대지진으로 파괴되고 소실되었던
도쿄를 비롯한 수도권의 복구와 부흥을 위한 사업)의
일환으로서 1934년에 완성. 이슬람사원 풍의 녹청색 돔 등
이국적인 분위기가 난다.

横浜市中区海岸通1-1

요코하마의 세 탑

가나가와 현청 본청사, 요코하마 세관, 요코하마시
개항기념회관은 요코하마를 대표하는
근대건축물이다. '요코하마 산토'로 친숙해져서
요코하마항의 상징이 되고 있다. 쇼와 초기에
외국인 선원들이 트럼프 카드에 비유해 이름을
붙였다고 한다. 세 개의 지점을 하루에 돌면 소원이
이루어진다고 하는 '요코하마 산토 이야기'나,
커플이 같이 돌면 맺어진다는 도시 전설도 있다!?

호텔 뉴그랜드

긴자카즈미츠 등을 설계했던 와타나베
히토시가 설계한 본관은, 1927년 개업했을
때와 변함없는 모습을 지니고 있다. 전쟁
전에 창업해서, 전쟁 전의 건물에서 영업하고
있는 클래식 호텔 중에서도 가장 멋있고
감각적이다. 맥아더와 채플린 등 많은
저명인사의 사랑을 받아 왔다. 1992년에는
요코하마시 역사적 건축물로 지정되었고,
2007년에는 근대화 산업유산으로
인정되었다. 웨딩 촬영 장소로도 인기가 있어
행복한 기분이 된다.

横浜市中区山下町10
☎ 045-681-1841
http://www.hotel-newgrand.co.jp

찰칵
찰칵

카우치 숍에서
빌렁 눕기

대리석의
둥근 장식이
유니크하다

도쿄의 동쪽에 살고 있는 나에게 요코하마는
소소한 여행과 같다. 견학만 하는 것도 괜찮지만
그곳에서 하룻밤 숙박하면 더 나은 것을 즐길 수
있다. 고풍스럽고 멋진 본관을 꼭 예약하자.

이 호텔의 상징인 본관 대계단. 스크래치
타일(표면에 파인 홈이 있거나 긁힌 모양으로 된
외장용 타일)이 차분히 가라앉히는 맛이 있다.

커피하우스 '더 카페'

호텔 1층에 있는 카페 레스토랑. 이곳에서 탄생해 일본
전역으로 퍼져나간 요리가 세 가지 있다. 이제는 어느
것이나 스테디셀러 요리인 '도리아'(doria, 버터볶음밥이나
필라프 위에 화이트소스나 치즈를 뿌려 오븐에 구운 요리),
'나폴리탄'(napolitain, 이탈리아 나폴리 풍의 토마토소스를 사용한
요리), '프럼 아 라 모드'(pudding à la mode, 아이스크림과 과일을
곁들인 일본식 푸딩)다. 나폴리탄은 2대 총요리장이,
미군 병사가 삶은 스파게티에 소금, 후추, 토마토케첩을
버무린 것을 먹고 있는 것에 힌트를 얻어 고안했다.

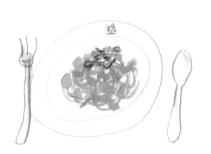

항구도시 요코하마는
바다에서의 전망도 최고!

예나 지금이나 바다와 관계가 깊은 요코하마.
야마시타 공원 주변에는 옛것과 새것의 인기 있는
것들이 가득하다. '수상 버스'에서 보면
요코하마 거리가 한눈에 들어온다.

https://www.yokohama-cruising.jp/

요코하마 크루징 '수상 버스'

요코하마역 동쪽 출구 → 미나토미라이 21 → 빨간 벽돌 창고 →
야마시타 공원을 잇는 수상 버스의 간편한 선박 여행. 요코하마의
거리는 바다에서 바라보는 것이 아름답다. 개항 150년을 넘긴
항구도시답게 바다에서 찾아오는 국내외 손님들을 맞이하는 경관이
무척이나 아름답다. 근대건축부터 현대건축까지 한눈에 볼 수
있는 조망이다. 입항하는 배의 표식이었다는 요코하마 산토가,
지금은 높은 빌딩에 숨어 있는 것이 조금 아쉽다.

요코하마 마린타워

요코하마의 상징. 94미터 높이의 전망대에서
내려다보는 풍광은 절경이다. 바다에서 불어오는
강풍을 견디기 위해 맨 위에는 30개의 물탱크가
설치돼 진동을 완화하고 있다.

28

横浜市中区山下町15
☎ 045-664-1100
http://marinetower.jp

일본 우편선 히카와마루
일본 우편선으로 1930년에 건조된 일본 화물여객선.
북태평양 항로로 오랫동안 운항한 뒤 야마시타 공원에
보존해서 공개하고 있다. 선내에는 여객선 구역, 승무원 구역,
역사 전시 구역이 있다. 여객선 구역은 계단이나 객실, 일등
사교실 등에 아르데코(art déco, 직선을 기조로 한 장식 예술의
한 양식으로, 1920~30년대에 유행했다) 풍의 무늬가 새겨져 있어
배라는 것을 잊고 근대건축물 안에 있는 것 같은 기분이 된다.

1등 특별 침실의
스테인드글라스.

복잡한 곡선과
아르데코 문양의
계단.

오산바시 국제여객선터미널
3D를 구사한 것 같은 건물은, 육지에서
봐도 재미있다. 예전에 '메리켄 부두'
라고 불리던 곳을 2002년 월드컵
축구대회를 즈음해서 정비했다. 설계는
국제 공모를 통해 세계 41개국 660개
작품이 응모하여, 영국에 거주하는
건축가가 선정되었다. 거대 여객선
아스카Ⅱ가 접안한다.

http://www.osanbashi.com

29

마조묘 / 横浜市中区山下町136

화려한 색채가 넘치는 요코하마 차이나타운에서 놀고 먹기

요코하마, 고베, 나가사키의 일본 3대
차이나타운 중에서도 단연 규모가 크다.
네온사인이나 원색을 사용한 화려한 간판과
초롱 등불 등 언제 가도 기분이 고조된다!

중국의 음력 설에는 여기저기서 울려 퍼지는
폭죽 소리와 함께 적색 청색 황색 백색으로
색이 선명한 네 마리 사자가 추는 중국 사자춤이
마조묘를 중심으로 온 동네를 누비고 다닌다.

요코하마 마조묘와 요코하마 관제묘

개항 후, 상인이나 장인으로서 많은 중국인이
요코하마에 거주하였고, 화교들이 의지하는
장소로서 두 개의 사당이 건설되었다. 중국
고전 양식의 색이 선명하고 섬세한 조각은
본고장 중국에서 많은 장인을 불러들여 만든
것이다. 4대째 이어오는 관제묘(關帝廟, 관우의
위폐를 모신 사당)는 1990년에 건축한 것으로
장사의 신. 한편 마조묘(媽祖廟, 마조를 모시는
사당)는 2006년에 건축된 것으로, 의외로
새롭게 바다의 여신을 모시고 있다.

관제묘 / 横浜市山下町140

중화요리 조리 도구와 식재료

차이나타운에서 구입한 세이로(나무 찜통)는 매우
편리하다. 관제묘 거리에 있는 전쟁 후에 곧바로 창업한
'아오키 상사'에서는 수작업으로 평판이 나 있는
'야마다 공업소'의 돈을무늬 중국 냄비 등, 본격적인
중화요리용 도구를 구할 수 있다. '세이로'는 직경
13센티미터 정도의 작은 것부터 음식점에서 사용하는
특대 사이즈까지 다양한 상품을 구비하고 있다.

고기 만두가 2개
들어가는 크기의 세이로

주라쿠의
고기만두 피는
죄고!

북경반점의
잎사귀 모양
야채만두

지금까지 먹었던 것 중에서
가장 마음에 든 곳은, '주라쿠', '북경반점',
'화정루' 세 군데 가게.

고쿠차소
1층에는 100여 종의 찻잎을 비롯해 다기, 관련 서적, 소품과 잡화를 취급하며, 2층이 다관으로 구성되어 있다. 언제나 40여 가지 정도의 중국차와 디저트 및 간단한 식사를 맛볼 수 있다.

横浜市中区山下町130
☎ 045-681-7776
http://www.goku-teahouse.com/

산동 1호점
이곳에서 먹어야 할 건 바로 물만두. 군만두보다도 쫄깃쫄깃하고, 탄탄한 만두피 맛을 느낄 수 있다.

横浜市中区山下町150
☎ 045-651-7623

몹시 부드러운 맛이
걸쭉한 수프 같다

横浜市中区山下町165
☎ 045-651-0927

찹쌀 가운데
기름기가
재미있는 식감

차이나타운 술집 순례
모처럼 차이나타운에 간다면, 다양한 가게의 요리를 가능한 한 많이 맛볼 것. 거기서 추천할 것이 술집 순례. "이 가게에서는 이것!"이라고 결정하고, 한 요리씩 돌아다니며 먹는다. 작은 가게 안쪽이나 입구에는 대개 나이든 주인이 듬직하게 버티고 서서, 주사위를 돌리거나 인생 상담을 들거나 한다. 그런 깊은 세계를 살짝 엿볼 수 있는 것도 즐거움의 하나.

토우겐톤(도원촌)
남들이 잘 모르는 상하이 요리점. 꼭 먹어봐야 할 것은 명물인 '두부장'이다. 따스한 두유를 덩어리째 얹은 국물. 하바메시(연잎밥)라는 중국 찹쌀 주먹밥은 상상도 할 수 없는 일품 요리이다.

샤텐키 2호점
아침 8시 반에 개점하는 중국식 죽 전문점. 전날 폭음 폭식을 했어도 이곳 죽으로 재충전. 닭의 감칠맛이 물씬 풍기는 죽은 몸도 마음도 따스하게 녹여 준다.

横浜市中区山下町189-9 / 上海路辰ビル 1F
☎ 045-664-4305
http://www.shatenki-nigouten.co.jp

따뜻하게 한
금속 팬에
데워서 준다.
이런 서비스는
처음이다

인도 음식 '시타르'
고급스럽고 클래식한 인테리어에 깔끔한 서비스를 갖춘 본격적인 북인도 음식점.

横浜市中区山下町74-6
☎ 045-641-1496

横浜市中区山下町166
☎ 045-663-3941
http://www.tef-tef.cc

개가 있음

잡화 'tef tef'
타이, 인도네시아, 중국, 몽골 등, 주인이 직접 현지에 가서 구해 온 상품을 판매한다. 2010년 4월에 재건축했다는 건물은, 새로우면서도 왠지 예스럽고 아주 멋지다.

공장 견학과 노포 순례
먹고 마시고 요코하마를 알아 가다

어른이 된 지금에 와서 더욱, 마음껏 즐기고
싶은 것이 공장 견학이다. 역사와 제조 공정을
알면 늘 먹던 맛이 더 맛있어진다!

横浜市鶴見区生麦-17-1
☎ 045-503-8250
http://www.kirin.co.jp/entertainment/
factory/yokohama/tour/

기린맥주 요코하마 공장

술을 좋아하는 사람에게는 무엇보다 즐거운 맥주 공장 견학. 일본 술
사케의 양조장이나 와이너리보다 가벼운 느낌도 좋다. 여기에서는
'이치방 시보리(일본의 맥주회사 기린맥주에서 발매하는 맥주)'를 중심으로
제조한다. 1차 착즙과 2차 착즙의 맥즙을 마셔 비교하면, 차이는
분명하다. 원재료인 홉의 향기를 확인하거나 왕겨가 붙은 보리를
시식해 단맛을 알 수 있다. 기다리던 시음 시간은 20분 동안 세 잔까지
가능하다. 어느 곳보다도 신선한 맥주를 마실 수 있어서 좋았다.

우아~ 크다

활짝 펼쳐짐

키요켄 본점
横浜市西区高島2-13-12
http://www.kiyoken.com

키요켄

요코하마역 주변에만 직영점이 14개 있다. 빨간 제복을 입은 아가씨가 있는 곳이 직영점이다. 요코하마역 동쪽 출구 옆에 있는 키요켄 본점에는, 레스토랑이나 상점 외에 연회장이나 결혼식장도 있다! 수많은 슈마이(밀가루 피 안에 다진 돼지고기 등으로 소를 채워 빚은 뒤 찜기에 쪄낸 딤섬의 일종)가 담긴 '점보 슈마이'는 결혼식의 인기 메뉴이다.

매년 11월에 발매되는 슈마이 연하장은 1장에 590엔(우표 값 미포함). 연하장을 받은 사람은 옛날 그대로의 슈마이(15개들이) 한 박스와 교환할 수 있다.

키요켄 요코하마 공장 견학
横浜市都筑区川向町675-1
☎ 045-472-5890

견학은 수, 목, 금, 토요일 10시 30분과 오후 1시, 각 90분이다. 3개월 전 1일부터 예약이 가능하다. 요코하마 시민들이 슈마이에 쓰는 돈은 연간 2,500엔. 전국 평균의 2배 이상!

튀김 '텐키치'

점심시간에는 평일에도 줄을 선다는, 요코하마 토박이 납품상인의 인기 있는 가게는 1872년에 창업했다. 대대로 내려온 노포의 격식에 맞게 서민적인 분위기도 갖추고 있다. 벽돌이나 바다를 모티브로 한 디자인이, 자연스럽게 '요코하마'를 느끼게 해 주는 이 가게는, '서던 올스타즈'의 하라 유코씨의 친구라고도 알려져 있다. 가게 안에는 '서던 올스타즈'의 곡이 잔잔하게 흐르고 있다. 카운터에서 주문을 척척 능숙하게 처리하고, 사이사이에는 손님과 스스럼없이 대화하는 젊은 장인이 6대째인 하라 히로야씨. 소믈리에 자격을 가지고 있으며, 와인과 튀김의 조합에도 신경쓴다.

横浜市中区港町2-9
☎ 045-681-2220
http://r.gnavi.co.jp/g957000

33

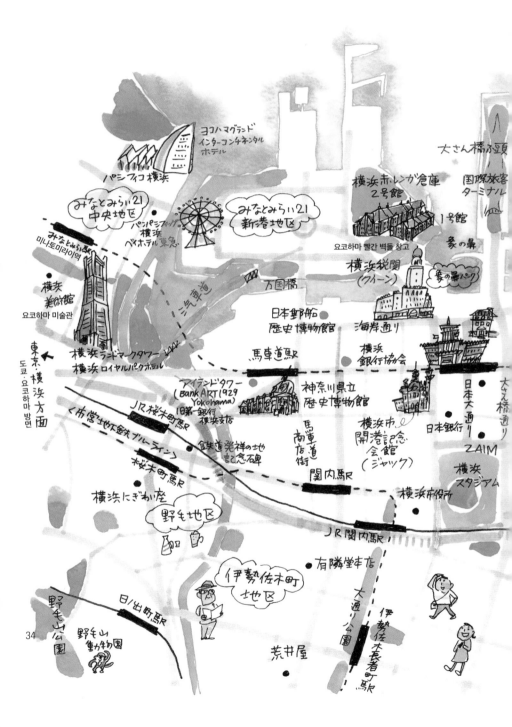

ヨコハマグランド
インターコンチネンタル
ホテル

パシフィコ横浜

大さん橋ふ頭

横浜赤レンガ倉庫
2号館

国際旅客
ターミナル

みなとみらい21
中央地区

1号館

パンパシフィック
横浜
ベイホテル東急

みなとみらい21
新港地区

象の鼻

みなとみらい駅
ミナトミライエキ

ヨコハマ 赤い 煉瓦 倉庫

横浜税関
(クイーン)

象の鼻パーク

横浜
美術館

万国橋

日本郵船
歴史博物館

海岸通り

横浜
銀行協会

よこはま美術館

横浜ランドマークタワー LMT
横浜ロイヤルパークホテル

馬車道駅

日本大通り

大さん橋通り

東京・横浜方面

東京・よこはま 方面

アイランドタワー
(Bank ART 1929
Yokohama)
旧第一銀行
横浜支店

神奈川県立
歴史博物館

横浜市
開港記念
会館
(ジャック)

日本銀行

ZAIM

JR桜木町R

市営地下鉄ブルーライン

鉄道発祥の地
記念碑

馬車道商店街

横浜
スタジアム

桜木町駅R

関内駅R

横浜市役所

横浜にぎわい座

野毛地区

JR関内駅

有隣堂本店

34

伊勢佐木町
地区

野毛山公園

日ノ出町駅R

野毛山
動物園

大通り公園

伊勢佐木長者町駅

荒井屋

横浜マップ
요코하마 지도

가는 방법
도쿄역 ↔ 요코하마역　JR선으로 약 25분
도쿄역 ↔ 사쿠라기초역　JR선으로 약 35분
요코하마역 ↔ 모토마치·차이나타운역　요코하마 고속철도
　　미나토미라이선으로 약 8분

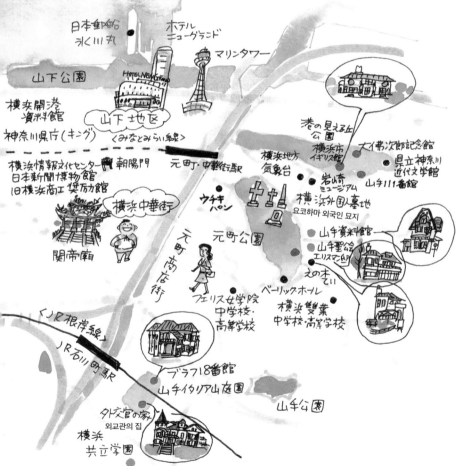

日本垂P船　ホテル
氷く川丸　ニューグランド
　　　　　　　マリンタワー
山下公園
横浜開港　HOTEL NEW GRAND
資料館
神奈川県庁(キング)　山下地区
　　　　　　〈みなとみらい線〉
　　　　　　　　　　　　港の見える丘
　　　　　　　　　　　　公園
横浜情報文化センター　朝陽門　元町・中華街駅　横浜市　大佛次郎記念館
日本新聞博物館　　　　　　　　横浜地方　イギリス館
旧横浜商工奨励館　　　　　　　気象台　　　　　　県立神奈川
　　　　　　横浜中華街　ウチキ　　　岩崎　　　近代文学館
　　　　　　　　　　　　パン　　　ミュージアム　山手111番館
　　　　　　　　　　元町公園　　横浜外国人墓地
関帝廟　　　　　　　　　　　　　요코하마 외국인 묘지
　　　　　　元　　　　　　　　　山手資料館
　　　　　　町　　　　　　　　　山手聖絵
　　　　　　商　　　　　　　　　エリスマン
　　　　　　店　　　　　　　　　その木
　　　　　　街　　　　　　　　　てい
　　　　　　　フェリス女学院　ベーリック・ホール
〈JR根岸線〉　　中学校・　　横浜雙葉
　　　　　　　　高等学校　　中学校・高等学校
JR石川町駅
　　　　　　　ブラフ18番館
　　　　　　　山手イタリア山庭園
　　　　　　　　　　　　山手公園
　　　　外交官の家
横浜　　외교관의 집
共立学園

35

서양식 건축과
모더니즘 건축의 보고

HIROSAKI, GOSHOGAWARA

히로사키·고쇼가와라 / 아오모리현

호리에 사키치가 관여한 서양식 건축과
마에카와 쿠니오의 모더니즘 건축

에도시대부터 성시城市로 번창한 히로사키시. 무사 가문의 저택이나 사적
명소, 옛날부터 대대로 이어온 상가 등, 에도시대의 모습이 그대로
남아 있는 한편, 메이지 시대와 쇼와 시대의 향수를 느끼는 서양식 건축도
많이 볼 수 있어 독특한 경관을 만들어 내고 있다. 전국적으로 서양식 건축이
지어진 것은 메이지 유신 이후의 일. 히로사키에는 지금도 그 시대에
만들어진 서양식 건축이 많이 남아 있다. 그것은 그 고장 출신의 인재인

후지타 기념 정원

붉은 뾰족 지붕의 양옥에서 앞으로 나온 문을 들어서면
일본식 세계가 펼쳐진다. 일본 굴지의 재계 인사이자 귀족원 의원인
후지타 겐이치가 1919년에 지은 별장. 고지대에 있으며
눈 아래로는 경사면을 이용한 6,600여 평의 회유식 정원(연못 주위를
따라 정자나 교량을 배치해 정원을 돌면서 변하는 풍경을 감상할 수 있는
정원)이 펼쳐져 있다. 도호쿠 지방에서는 히라이즈미 모쓰지
정원에 이어 개인 소유로는 가장 큰 규모이다.

양옥 안에 있는 '다이쇼 낭만 찻집'.
창문 너머로 정원을 바라보면서,
엄선한 커피로 우아한 한때를 즐길 수
있다.

弘前市上白銀町8-1
☎ 0172-37-5525

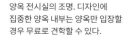

양옥 전시실의 조명. 디자인에
집중한 양옥 내부는 양옥만 입장할
경우 무료로 견학할 수 있다.

호리에 사키치(1845~1907)
'목수의 신'으로서 현지 히로사키에서 기리는 히로사키
시 출신의 인재. 알려져 있는 것만으로도 1,500동이라는
엄청난 서양식 건축을 직접 지었다. 목수 집안에서 태어나
서양식 건축에 흥미를 가져 독학으로 기술을
계속 향상시켰다.

호리에 사키치가 세웠다고 해도 과언이 아니다. 게다가 세계적 건축가
르 코르뷔지에에게 사사해 일본에서 모더니즘 건축의 기수로 활약한
건축가 마에카와 쿠니오도, 히로사키와 인연이 깊다. 시내에는 첫 작품을
비롯한 모더니즘 건축이 현재 8채나 남아 있다.
두 명의 위인이 남긴 유명한 건축을 둘러보면서, 설국의 풍토와 성시의
높은 미의식에 의해 길러진 히로사키의 매력을 찾아 보자.

아오모리 은행기념관

아오모리현 최초의 은행인 구 제59은행의
본점으로, 1904년에 세워졌다. 르네상스 풍의
서양식 건축이지만, 방화 대책으로서 사방의
벽을 흙과 회로 두껍게 바른 일본식 '도조즈쿠리'
구조의 기법을 도입하고 있다. 겨울철에는
휴관했지만 밤에는 조명을 비추어 설경 속에
환상적인 외관이 떠오른다. 국가 중요 문화재.

弘前市元寺町26
☎ 0172-33-3638

구 히로사키 시립도서관

사키치가 가장 활발히 작업할 무렵의
작품으로, 1906년에 지어짐. 르네상스 양식을
기조로 하면서도, 일본의 기법으로 회반죽
벽이 사용되었다. 눈길을 끄는 쌍탑의
팔각형 돔 안쪽은 나선형의 계단실. 손으로
만지고 눈으로 봄으로써 세부에 이르기까지
깊이 생각한 건축임을 실감할 수 있다.

弘前市上白銀町2-1追手門広場内
☎ 0172-82-1642

도서관 뒤편에는 시내의
서양식 건축물을 1/10로 축소한
'미니어처 건축물' 14개 동이 있다.

히로사키 후생학원 기념관

1906년에 육군 제8사단의 사교장으로
설계되었다. 전후, 히로사키 여자 후생학원의
교사가 되고, 현재는 탁아소로 이용되고 있다.
벽난로에는 영국에서 수입한 그림이 그려진
타일이 있고 현관 상단의 르네상스 풍
도마 창문이 있다. 국가 지정 중요 문화재.

弘前市御幸町8-10
☎ 0172-33-0588
http://www.h-kouseigakuin.jp/kyukaikousya/

장난기가 가득한 세부 조각.
현관에는 제8사단의 '8'을 표시한
'별'의 철제 장식이 있다.

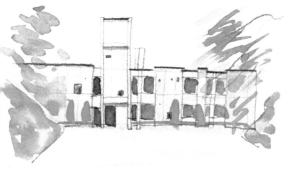

弘前市下白銀町1-6
☎ 0172-32-3374
http://www.city.hirosaki.aomori.jp/shiminkaikan/

히로사키 시민회관

이 건물은 콘크리트로 지어서 얼핏 단순해
보이지만, 아오모리현에서 생산되는 재료인
편백나무 거푸집을 사용했기 때문에,
자세히 보면 표정이 풍부하다. 주변 풍경에도
자연스럽게 녹아든다. 천장에 낮은 곳과
높은 곳, 좁은 곳과 넓은 곳 등, 신축성이 있는
공간은 극장 건축을 드라마틱하게 연출해
음악이나 연극 등 예술 감상 외, 행사나
학원제 등 시민들의 발표 무대 공간으로
사랑받고 있다.

히로사키 시립박물관

시민회관의 그늘진 곳에 있는 박물관과는
대조적인 타일의 벽면.

弘前市下白銀町1-6 弘前公園内
☎ 0172-35-0700

마에카와 구니오(1905~1986)

세계적인 건축가 르 코르뷔지에로부터 일본인으로서 처음
사사한 사람이 마에카와이다. 일본 모더니즘 건축의 기수로,
특히 전후에 활약하였다. 대표작인 도쿄문화회관, 히로사키
시민회관, 히로사키 시립박물관 등 전국에 201점의 작품을
남긴 가운데 현재 8채가 히로사키에 남아 있다.

히로사키성

히로사키는 성 도시의 자취가 짙은 마을이다. 그 중심인 히로사키성은 시민들에게 친숙하며 벚꽃, 단풍, 설등롱(눈으로 만든 등롱)으로 계절마다 열리는 축제는 관광객들에게도 인기다. 이 성에는 토호쿠 지방에서 유일하게 전국에 12개밖에 없는 에도시대에 지은 천수각이 남아 있고 천수각, 망루, 성문 등이 국가 중요 문화재로 지정되어 있다.

弘前市下銀町1

히로사키성에서 백년식당까지 볼거리가 가득한 곳

히로사키의 시가지에는 걸어서 돌아다닐 수 있는 거리에도 볼거리가 많다. 시내 순환 100엔 버스나 대여 자전거를 활용하면 좋다!

고노센

바다를 따라 아오모리와 아키타를 잇는 고노센五能線은 한번은 타 보고 싶은 인기 노선. 시라카미 산지와 이와키산 등 변화무쌍한 풍경을 즐길 수 있다. 아지가사와역에서 하차해 보았다. 구운 오징어 가게가 국도변에 30여 개 늘어선 '구운 오징어길'은 아지가사와의 명물이다.

고노센의 차창으로 보이는 이와키산의 전망. 기슭에는 사과나무가 가득하다.

주인장은 메밀국수 만드는 것부터
배달까지 다 한다

때에 따라 사라나
쯔게모노를

우동이나 소바,
그릇에 덜어내어 맛볼 때

쓰가루 소바

국물의 맛을 결정하는
'청어리구이'
머리와 내장을 딴 통이 든
국물은 아오모리 명품

옛날부터의 간단한 '쓰가루 소바'를
계속 이어오는 구로누마부터
가족 경영의 편안한 가게

弘前市 和徳町 164
☎ 0172-32-0831
http://www.komakino.jp/santyu/

산추 식당

"이것이야말로 현지!"라고 할 가게 규모.
점심때에는 계속 손님이 들어온다. 역사가 오래
되어 유곽 근처의 포장마차에서 시작하였고,
창업한 지 100년이 넘는다. 현지에서 가장
인기있는 건 라멘과 카레라이스인데,
처음이라면 꼭 '쓰가루 소바'를 추천하고 싶다.
아무것도 닮지 않은 이 고장 특유의 메밀 요리다.
소바가키(메밀수제비)를 재웠다가 콩가루를
섞어 다시 재우는, 품과 시간이 걸리는 제조법
때문에 사라질 위기도 있었지만, 4대째 주인인
구로누마 미치오 씨가 대를 끊어지게 해서는
안 된다고 근근이 이어 왔다. 그 보람이 있어
다시 주문도 늘고 있다고 한다. 삶아 놓으면
곧 뚝뚝 끊어져 버리는 면은 식감이 가볍다.
구운 사바부시(고등어로 만든 가쓰오부시)와
다시마로 만든 담백한 국물이 시원하고 맛있다.

41

쓰가루 철도를 타고
다자이 오사무의 연고지를 방문하다

2014년에 다자이 오사무 탄생 100주년을
맞이한 뒤부터, 기념 이벤트에 소설의 영화화와
함께, 그의 인기는 식을 줄 모른다. 출신지인
쓰가루에는 생가가 남아 있는 가나기초를 비롯해
새로운 명소도 많다.

쓰가루 고쇼가와라역

고노선이 지나는 JR 고쇼가와라역과 인접한
형태로 쓰가루 고쇼가와라역의 역사가 있으며,
그 옆에 쓰가루 철도 본사 건물, 건너편에는
코나버스의 고쇼가와라역 앞 안내소가 있다.
쇼와 시대의 분위기가 물씬 풍기는 대기실에는
매점이나 오야키(밀가루 반죽에 무말랭이, 장아찌,
채소, 단호박 등의 속을 넣어 쪄먹는 나가노현의
향토 음식) 가게, '존가라 소바'라는 메뉴가 있는
소바 가게가 있다.

쓰가루 철도

오렌지색에 초록색 라인이 선명한 '달려라
메로스호'에 올라타면, 현지 할머니들의 사투리가
들려온다. 여름은 '풍경열차', 가을은 '방울벌레
열차', 추위가 심한 겨울 동안은 '스토브 열차' 등,
정감 어린 이벤트는 여행자뿐만 아니라 현지의
이용객에게도 인기가 많다.

현지 도자기를 사용한 자가 로스팅 커피와
런치 메뉴도 준비되어 있다.

五所川原市金木町芦野84-171
☎ 0173-52-3398

역사

아시노공원역은 다자이의 소설 『쓰가루津軽』에도
등장하는데, 낡고 사랑스러운 건물에는 역사라고
쓰여 있다. 1930년에 건축된 건물을 그대로 살린
찻집이 되어 있어, 다자이가 자주 다녔다는
히로사키 시내에 있는 도호쿠에서 가장 오래된
찻집 '만차'의 브랜드 '쇼와의 커피'를 마실 수 있다.

다자이 오사무 기념관 '사요칸'
벽돌담에 일본식을 기조로 한 절충 양식의
목조건축은 특별히 눈에 띄는 존재다.
가나기초의 중심에 위치한 '사요칸'은 1907년에
지역의 유력자였던 아버지 쓰시마 겐에몬이
지은 호화 저택이다. 건물은 호리에 사키치의
넷째 아들 사이토 이사부로가 설계했으며
쌀 창고에 이르기까지 아오모리 편백나무(높이
30미터, 직경 80센티미터에 달하는 일본 특유의
침엽수 고목)가 사용되고 있다.

관내에서는 다자이가
애용하던 검은 망토를
재현해 전시. 관람객이
입어 볼 수도 있다.

다자이가 된
기분으로 입은
검은 망토

어쩐 일인지 눈에 띈
마츠사카야의
장식용 그림

五所川原市金木町朝日山412-1
☎ 0173-53-2020
http://dazai.or.jp/

소용돌이 무늬가 귀여운
'운페이모찌(찹쌀미숫가루를
섞어 뜨거운 물로 반죽한 것)'는
'스아마(쌀가루를 뜨거운 물
반죽으로 찐 떡)'처럼 정겨운 맛.

향토 음식 '하나'
'마디니(가나기역 근처 카레 가게)' 안에 있는, 다자이
라멘과 향토 음식 '하나'에는, 다자이에게서 유래한
메뉴가 많다. 다자이의 아내 쓰시마 미치코 씨나
따님과 상의해서, 실제로 다자이가 즐겨 먹던
요리를 재현하여 차린 밥상이다. 재료를 자르는
방법과 두께, 조합, 양념에 이르기까지 하나하나
의미가 담겨 있다.

五所川原市金木町朝日山195-2
☎ 0173-54-1160

가리비 껍질에
미소를
담아줌

단
매
실
절
임

미역과 죽순을 넣은
맑은 장국
다카다케장국

닭
고
기
조
림

(생가에서
키워서
쓰이고 있다)

나
토
와
두
부

(이 지방에서는
맷돌로 곡식을 갈아 내는
일이 당연하다.
그리고 연어 알 젓에
양념된 것)

다카이오
주먹밥
(맑은 다시가 따로
딸려 있다)

우
메
보
시

직각으로
두툼하게 썬
연어구이

여러가지 생선회
(초모가 '발명')

'다자이 오사무 밥상'은 3일 전에 예약해야 먹을 수
있다. 향토 음식인 '조개구이 된장'은, 가리비 껍질을
냄비 대신 사용한, 된장 맛이 나는 달걀 요리.

43

산나이마루야마 유적 '조몽 지유칸'
현대에서 고대로 단번에 타임 슬립. 도쿄 돔 7개
분량의 토지에 움집식 주거가 여기저기 있는,
정말로 불가사의한 경치가 눈앞에 펼쳐진다.
고고학상 유례가 없는 대규모 취락으로,
조몽시대 전기부터 중기의 건축물과 유물이
많이 발굴되었다.

'산마루 뮤지엄'의 전시는 모두
진짜 출토품. 국가 지정 중요 문화재도
많이 포함되어 있다.

青森市三内字丸山305
☎ 017-781-6078
http://sannaimaruyama.pref.
aomori.jp

쓰가루 지방으로의 여행의 기점
아오모리 시내의 추천 명소

신칸센이 멈추는 신아오모리역에서
재래선으로 한 정거장. 히로사키나
고쇼가와라로 가는 여행의 기점이 되는
아오모리역 주변에도 한번쯤 가 보고 싶은
옛것과 새것의 명소가 많다!

아오모리 현립미술관
산나이마루야마 유적에 인접한 것은 나라미치가
손수 만든 거대상 '아오모리 개'로 유명한 '아오모리
현립미술관'. 멀리서 새하얗고 심플하게 보이는
외관은, 가까이서 보면 겹쳐 쌓은 벽돌에 도료를
바른 것. 기하학적으로 잘린 지면이나 요철 있는
건물이, 표정이 풍부한 공간을 만들어 내고 있다.

세이칸 렌카구센 메모리얼십
'핫코다마루'
메이지 시대의 시작부터 1988년 막을 내릴 때까지
80년간, 아오모리항과 하코다테항을 이어온 세이칸
연락선의 역사를 말해 주는 박물관. 노란 선체에 다다르자
들려온 것은 이시카와 사유리의 '쓰가루해협 겨울 풍경'.
1층의 차량 갑판에는 실물의 철도 차량이 전시되어 있다.

44

青森市柳川1-112-15
☎ 017-735-8150
http://aomori-hakkoudamaru.com/

青森市安田字近野185
☎ 017-783-3000
http://www.aomori-museum.jp

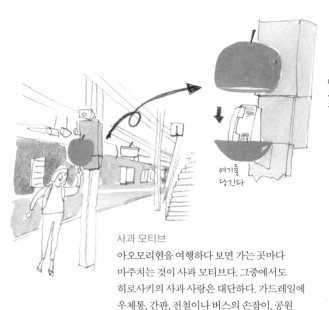

아오모리역의 홈에서 의문의
사과 발견. 안에는 직원들이 사용하는
구내 연락용 전화가 숨겨져 있다.

여기를
당긴다

사과 모티브

아오모리현을 여행하다 보면 가는 곳마다
마주치는 것이 사과 모티브다. 그중에서도
히로사키의 사과 사랑은 대단하다. 가드레일에
우체통, 간판, 전철이나 버스의 손잡이, 공원
놀이기구와 벤치까지 거리가 온통 사과 투성이다.
귀여워서 찾으면 어쩐지 기뻐서 끝내 찾고 만다.

히로사키역 앞 우체통 위에
커다란 '마을지킴이' 사과가 있다!
과연 일본 제일의 출하량을
자랑하는 사과 마을답다.

가나기역
斜陽館・金木駅
津軽鉄道

青函連絡船

新青森駅
신아오모리역

青森駅
아오모리역

鰺ヶ沢R
五能線

五所川原駅

三内丸山遺跡
산나이마루야마 유적

青森県立美術館
아오모리 현립미술관

東北新幹線

岩木山

弘前城

川部駅

中央弘前

45

가는 방법

도쿄역 ↔ 신아오모리역　JR신칸센으로 약 3시간 20분
신아오모리역 ↔ 히로사키역　JR선 쾌속으로 약 30분
신아오모리역 ↔ 아오모리역　JR선으로 약 6분
히로사키역 ↔ 고쇼가와라역　JR선으로 약 50분
쓰가루 고쇼가와라역 ↔ 가나기역　쓰가루 철도로 약 20분

白神山地

弘前駅

근대건축과
모더니즘 건축의 만남

대불상

도다이지東大寺에 있는 약 15미터 높이의
대불상을 만드는 데는 745년부터 752년까지
걸렸다. 덴페이天平 시대의 문화는 화려했던
반면, 정치적 다툼과 기근, 지진, 천연두의 유행 등
고통스러운 시기여서, 이것들을 진정시키기 위해
쇼무 천황이 대불상을 만들게 했다.
그러나 전쟁에 휘말려 몇 번이나 불타고,
그때마다 반복해서 수리했기 때문에,
나라 시대부터 전해지는 부분은, 대좌와 무릎의
일부뿐이다. 루샤나부쯔는 부처의 몸에서
나오는 빛과 지혜의 빛이 세상을 두루 비추어
가득하다는 뜻으로, 부처의 진신眞身을 이르는
말이다.

도다이지

수학여행 가서 봤을 때는 "뭔가 컸구나." 정도로 인상이
흐릿했는데, 어른이 되고 나서 보니 감회가 새롭다.
도다이지의 대불전은 세계 최대의 목조 축조 건축물로
그 스케일이 엄청나다. 약간 퇴락한 듯한 겉모습 또한
무시무시한 느낌을 보태고 있다. 어른이 된 지금,
꼭 방문하고 싶은 장소 중 하나다.

奈良市雑司町406-1
☎ 0742-22-5511
http://www.todaiji.or.jp

기둥을 빠져나가는
수학여행 온 학생.
나올 수 없다…
통과할 거 같지
않다…

사찰 건축이나 고분뿐만이 아닌
나라의 볼거리 한 가지 더

2010년에 헤이조 平城 천도 1,300년을 맞이한 나라에는 일본 굴지의
세계유산, 국보 건축물이 있으며 고분군도 다수 남아 있다. 경관
조례에 의해 높이 제한이 있기 때문에 하늘이 매우 넓게 느껴진다.
우선 관광이라고 하면 도다이지에 호류사, 카스가타이샤 등
유명한 사찰 순례일 것이다. 그러나 의외로 훌륭한 근대건축이나
모더니즘 건축이 많이 존재하는 것은 그다지 잘 알려지지 않았다.
고도 나라에 있어야 할 모습을 추구하며, 절충 양식으로 건축의
해답을 찾아낸 작품들이다. 알려지지 않은 명건축을 돌아보면서,
나라의 새로운 매력을 찾아보고 싶다.

손이
귀여운
포즈

나라현 천도 1300주년을 기념해
만들어진 공식 마스코트 캐릭터
'센토군'. 머리에 사슴뿔이 달린
동자승.

47

나라현 청사

수평 라인과 옥탑이 상징적인 나라현 청사는 1965년에
지어졌다. 모더니즘 건축의 거장 르 코르뷔지에가 제창한
필로티, 옥상정원, 자유로운 평면, 자유로운 입면, 수평
연속창이라는 특징을 빠짐없이 갖추고, 또 각층의 수평
라인에 전통건축의 고란(궁전 등의 건물 주위나 복도에 있는
끝이 굽은 난간)을 간소화한 디자인. 일본 전통건축과의
융합도 볼 수 있어 역사적인 경관에 훌륭하게 녹아들어가
있다. 카타야마 테루오가 설계했다.

奈良市登大路町30

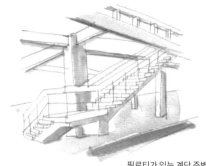

필로티가 있는 계단 주변.
심플하고 균형 잡힌 아름다
디자인이 돋보인다.

공공건축에서 공동주택까지
역 주변의 모더니즘 건축

고도 나라의 경관과 융합하면서,
유연한 모습을 보이는 모더니즘 건축.
빼어나고 아름다운 디자인이
돋보이는 것도 나라이기 때문이다.

나라현 문화회관

나라현 청사와 어울릴 것 같은 디자인은,
마찬가지로 가타야마 테루오가 설계했다.
1968년에 완공되어, 1999년에 '나라 100년 회관'이
완공되기 전까지는 나라현 최대의 홀이었다.
성곽 같은 돌담과도 잘 어울린다.

奈良市登大路町6-2
☎ 0742-23-8921

킨테츠 나라역 빌딩

나라현에서 유일하게 지하에 있는 것이 킨테츠 나라역이다.
그 위에 있는 직선적이고 개성적인 디자인의 역 건물은
사카쿠라 건축연구소에서 설계한 것이다. 이 설계사무소
창립자인 사카쿠라 준조(1901~1969)는 르 코르뷔지에에게
사사하고 모더니즘 건축을 실천한 건축가다.
1970년 건축이므로 사후 작품이 된다. 2010년의
헤이조 천도 1,300년제를 기념해 전면 개장했다.

奈良市東向中町28
http://www.pref.nara.jp/1717.htm

나라 시영 제1호 커뮤니티 주택

JR 나라역 근처에 모던한 건물이 길을 사이에 두고
두 채 서 있다. 하나는 이소자키 아라타(1931~)가
설계한 '나라 100년 회관'. 그리고 다른 하나는
'커뮤니티 주택'이다. 길 모퉁이를 끼고 있는
V자형의 공동주택으로 쿠로카와 키쇼가 기본
설계를 맡았다. 같은 시내에 있는 '이리에타이키치
기념 나라시 사진미술관'도 쿠로카와의 작품이다.

奈良市三条本町1-93

히야~!

당황하거나
놀라면 덤벼든다.
여성이나 아이에게도
힘껏 덤벼든다

안정시킨다면,
단정하게
온순하게
먹는다

꾸벅

꾸벅

파삭 ♥

안녕하세요

머리를 숙일 때
몇 번이고 절을
해줍니다

♥

49

처음 나라에 갔을 때는 사슴이 그 근처를
자유롭게 돌아다니는 것에 놀랐다.
시카 센베이(사슴의 과자라는 뜻으로
나라시 공원 곳곳에서 팔고 있다)를
줄 때는 겁먹지 말고 '안녕하세요'라고
고개를 숙여 절을 해보자.

나라스러움이 드러나는
일본과 서양의 절충 양식의 근대건축

나라는 일본의 이미지가 강하지만,
메이지 시대에 지어진 서양식 건축도 많이
남아 있다. 경관과 조화를 이루기 위해
생겨난 절충 양식에서도 나라스러움을
느끼게 한다.

야마토지
추억 발신 우체통

우편함에
도다이지 대불전이
놓여 있다

도다이지 대불전 모양의 우체통.
JR나라역이나 도다이지
참배 길에 설치되어 있다.

나라시 종합관광안내소
JR 나라역 신역사가 건설되면서, 1934년에
지어진 구 역사는 나라시 종합관광안내소로
재탄생했다. 건축물을 해체하지 않고 그대로
수평으로 회전시켜 약 18미터 이동하였다고 한다.
상륜(탑의 맨꼭대기에 있는 금속 장식)을 얹은
사찰 같은 지붕, 네 귀퉁이에 달려 있는 풍경과
격자형 천장 등 불교 건축을 도입한
절충 양식의 디자인이다.

奈良市三条本町1082
☎ 0742-27-2223
http://narashikanko.or.jp/center/nara.html

나라 국립박물관
나라현을 중심으로 한 불교미술의 명품을 모아 놓은
박물관으로, 나라공원 안에 있다. 옛 본관을 설계한
카타야마 도쿠마(片山東熊, 1854~1917)는 도쿄 요츠야의
영빈관 아카사카 이궁을 지은 궁정 건축가이다.
1894년 준공되어 이듬해 개관하였다. 네오 바로크
건축 양식으로 지어져 외관 장식이 풍부하다.
국가 중요 문화재로 지정되어 있다.

奈良市登大路町50
☎ 050-5542-8600
http://www.narahaku.go.jp

나라 호텔

도쿄역으로도 유명한 다쓰노 긴고의 설계로, 1909년
나라의 영빈관으로 지어졌다. 모모야마 궁궐 모양의
본관은 다쓰노로서는 드문 일본식 건축이지만,
일본식과 서양식 절충의 융합미를 즐길 수 있다.
숙박하지 않아도, 훤하게 트인 로비나 티 라운지에서
휴식하거나, 메인 다이닝룸에서 식사도 할 수 있고,
바도 이용할 수 있다.

奈良市高畑町1096
☎ 0742-26-3300
http://narahotel.co.jp

현관의 홀에 들어서자마자 바로 있는
토리이(신사 입구에 세운 기둥문)가 달린 벽난로.

51

아수라상

국보관에는 고후쿠지興福寺의 역사를 전하는 많은
국보와 중요 문화재가 소장되어 있다. 그중에서도
인기가 높은 것이 건칠팔부중입상乾漆八部衆立像
중 하나인 아수라상이다. 나라 시대에 만들어진
것으로, 세 개의 얼굴에 여섯 개의 팔을 가졌다.
처음 본 것은 도쿄 국립박물관에서 개최된
'국보 아수라전'이었지만, 본래 있어야 할 장소에서
차분히 마주 바라보면, 표정 또한 달라 보인다.

고후쿠지(오층탑)

오층탑은 나라를 대표하는
풍경이다. 669년에 교토에 창건된
야마시나데라山階寺를 기원으로 하며,
710년에 고후쿠지라고 이름을 짓고
현재의 자리로 이전하였다. 전성기에는
건물이 175개나 되는 큰 절이었다고
한다. '고도 나라의 문화재'의 일부로서
세계유산에 등록되어 있다.

奈良市登大路町48
☎ 0742-22-7755
http://www.kohfukuji.com/

'덴쿄쿠도' 나라 본점

본고장의 칡 요리를 먹고 싶어 방문한 곳은, 창업 이래
140년 이상이나 나라현 고쇼시 옛 구즈무라에서 요시노
모토카츠를 계속 만들고 있는, 이노우에 덴쿄쿠도天極堂의
직영점. 차분한 모습의 현대 일본식 가게 안에서는,
사계절의 경치를 바라보면서 정통 칡가루를 사용한
다양한 요리와 과자를 맛볼 수 있다. 매장에서는 요시노
모토카츠를 비롯한 상품도 구입할 수 있고, 2층에는 식재료나
만드는 방법의 설명이 전시되어 있어 칡에 대해 알 수 있다.

奈良市押上町1-6
☎ 0742-27-5011
http://www.kudzu.co.jp

주르르~!

본고장의
칡이 들어간
국수

요시노 우동

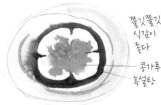

쫄깃쫄깃
식감이
좋다

콩가루
흑설탕

칡모찌

카키노 하즈시(감잎 초밥)

한입 크기의 초밥에 고등어 등의 토막을 얹어 감잎으로 싸서 눌렀던 야마토의 향토 음식. 야마토 고죠나 요시노 지방은 감의 명산지이다. 감잎은 살균 효과가 있다고 하며, 보존하는 데 효과가 있고, 건조해지는 것도 막는다. 시내나 역 빌딩에는 '카키노 하즈시 본점 다나카' '카키노 하즈시 야마토' '이자사즈시 나카타니 본점' 등, 카키노 하즈시 가게를 많이 볼 수 있다. 그중에서도 카키노 하즈시 총본가 히라소우는 1861년에 창업한 터줏대감이다.

두 종류
고등어 4개
연어 4개

요시노구치역 '카키노 하즈시 믹스'
야나기야는 1911년에 창업. 작은 역에서 에키벤 판매가 감소하는 가운데 귀중한 존재. 설명서에 의하면, 다니자키 준이치로의 수필에서도 칭찬하고 있다. 산에 둘러싸인 소박한 목조 역사가 향수를 자아낸다.

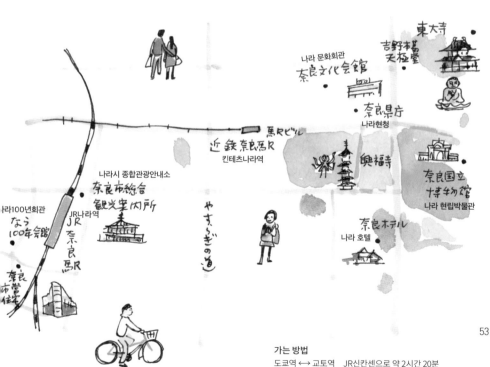

나라 문화회관
奈良文化会館

東大寺
吉野本葛
天極堂

奈良県庁
나라현청

近鉄奈良R
馬Rビル
킨테츠나라역

나라시 종합관광안내소
奈良市総合
観光案内所

やすらぎの道

興福寺

奈良国立
博物館
나라 현립박물관

라100년회관
なら
100年会館

JR나라역
JR
奈良R

奈良ホテル
나라 호텔

奈営市住宅

가는 방법
도쿄역 ⟷ 교토역　　JR신칸센으로 약 2시간 20분
교토역 ⟷ JR나라역　　JR선 쾌속으로 약 47분
교토역 ⟷ 킨테츠나라역　　킨테츠선 특급으로 약 37분

거리 산책이 즐거워지는 건축물을 보는 방법

여행지는 물론, 친숙한 거리에서 궁금한 건물을 보았을 때, 시대나 양식 등의 특징을 알고 있으면, 산책이 한층 더 즐겁고 풍요로워진다.

후쿠오카시 붉은 벽돌 문화관
(구 일본생명보험 규슈 지점)

와코 본관
(도쿄 긴자)

근대건축

에도막부 말기부터 전쟁 전에 지어진, 서양식 디자인과 건축 양식을 도입한 건물. 외국인 건축가나 그들에게 배운 일본인의 설계에 의한 본격적인 것과, 건설에 종사했던 도편수가 흉내 내어 만든 유사 서양풍 건축이 있다. 본격파의 필두는 영국에서 초빙된 조시아 콘더. 정부 관련 건물의 설계를 거쳐 이와사키 저택 등 현존하는 것과, 똑같이 재건된 미쓰비시 1호관(16쪽)이 있다. 유사 서양풍은 쇄국 중에도 외국과 교역이 있었던 나가사키의 구라바 저택(165쪽)이나 에도막부 말기에 외국인 거류지에 세워진 집이나 교회, 대규모 상점 등에 영향을 미쳤다. 그래서 알게 된 양식을 호리에 사키치(37쪽)처럼 고향에 널리 알린 이도 있다.

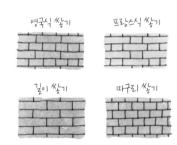

영국식 쌓기　　프랑스식 쌓기

길이 쌓기　　마구리 쌓기

스크래치 타일

표면을 긁어 무늬를 낸 타일로, 벽돌 쌓기에서 타일 붙이기로 바뀌는 과도기의 건축자재. 프랭크 로이드 라이트가 설계해 1923년에 준공된 구 제국 호텔이 일본에서 최초로 스크래치 타일을 사용하였다. 적갈색에서 담황색의 바탕을 살린 색조.

벽돌

근대건축과 함께 서양에서 들어왔다. 벽돌을 쌓는 방법은 크게 네 가지로 나뉜다. 한 채의 건물에서도, 여러 가지 쌓아 올리는 방법을 조합하거나 개구부의 아치 등과 함께 볼거리가 된다. 관동대지진 이후는 별로 사용되지 않았다.

도쿄문화회관(도쿄 우에노)

후지야 호텔(가나가와현 하코네)

국립서양미술관(도쿄 우에노)

츠키지 혼간지(도쿄 츠키지)

일본과 서양의 절충 건축

근대건축의 서양식 요소와 일본의 전통적인 요소를 조합한 건물. 일반 주택이나 상점에서는 일본식 건축에 액센트를 주는 데 이용되기도 했다. 쇼와 시대 초기에 이토 주타 등이 추진한 일본의 제관 양식은 콘크리트조에 팔작지붕을 얹은 양식. 대표적인 것으로 가나가와현청 본청사(26쪽)가 있다.

모더니즘 건축

19세기 후반에 시작된 건축 양식. 철근 콘크리트조나 철골조의 직선적인 입방체가 특징. 모더니즘의 거장 르 코르뷔지에는 필로티, 옥상정원, 자유로운 평면, 수평 연속창, 자유로운 입면의 5원칙을 제창. 일본에서는 마에카와 구니오(39쪽) 등이 활약. 나라현 청사(48쪽) 등 공공건축에서도 볼 수 있다.

불가리 긴자 타워(도쿄 긴자)

니혼바시(도쿄 니혼바시)

현대건축

전후에 세워진 건물. 전후 복구와 고도 경제성장으로 철근 콘크리트조가 일반화되면서 내진 구조 기술이 진전되고 초고층 건축이 지어졌다. 반면 경제성과 합리성이 우선시되고 있다. 마키 후미히코, 안도 다다오, 세지마 가즈요 등 많은 건축가들이 세계적으로 활약하고 있다.

전통적 건축물군 보존지구

성시(城市, 조카마치), 역참 마을(슈쿠바), 몬젠마치, 데라마치, 항구도시(미나토마치), 농촌, 어촌 등의 전통적 건축물군과 일체가 되는 지역. 고카야마의 아이노쿠라 마을(163쪽), 가나자와시의 히가시차야 거리와 주케이마치(145쪽), 나가사키시의 구라바엔Glover Garden(165쪽) 등.

책과 거리 안내소(도쿄 진보초)

야구치 서점(도쿄 진보초)

카사기

누키

【신메이 토리이】
직선적인 형상. 수직으로
세운 원기둥에 삿갓을 얹고
관은 기둥 속에 들어가 있다.

간판 건축
일반적인 상점의 목조 모르타르 외관 전면에 수직 벽면을 붙이고
간판을 겸한 것이다. 메이지 시대의 서양 건축의 영향을 받은 것이지만,
관동대지진 후의 부흥기에 만들어진 동판이나 타일을 붙였을 뿐이 겉치레.
디자인도 목수가 한 것으로, 아마추어 감각이 재미있다. 정해진 양식
따위는 없기 때문에, 자유롭고 키치한 것이 많아 웃음이 나기도 한다.
'간판 건축'이라는 명칭은 건축사가 후지모리 테루노부가 붙인 것이다.

【묘진 토리이】
중국 등의 영향을 받은
장식적인 형상. 삿갓이
젖혀지고 관은 기둥 밖으로
나온다.

【대사조】
이즈모 대사 본전을 대표로 한다.
고대의 궁궐을 바탕으로 한 것으로
보인다. 지붕 옆 삼각형의 '박공'에
입구가 있는 '츠마이리'가 특징이다.

신사
전국의 신사는 이세 계, 이나리 계,
텐진 계, 아사마 계, 긴비라 계 등의
계열로 분류할 수 있으며, 각각
총본사가 있다. 건물은 입구 위치에서
대사조大社造와 신신명조神明造의
두 양식으로 크게 구분된다.

【미츠·미와토리이】
양 끝에 작은 와키토리이를
조합한 것.

토리이
신의 영역과 인간이 사는
속계를 구획하는 것으로,
신의 영역으로 들어가는
입구를 나타낸다. 형태는
여러 가지가 있지만, 크게
'신메이 토리이'와 '묘진
토리이' 두 가지로 나뉜다.

【신메이조】
이세신궁 정전을 대표로 한다.
마루를 높게 짓는 고상식 창고에서
발달한 것으로 추정된다. 지붕
수평면의 '평평한 곳'에 입구가
있는 '히라이리'가 특징이다.

56

2

빈둥빈둥 천천히
도쿄 시타마치
산책

새것과 옛것이 뒤섞인
에도 문화의 중심지

ASAKUSA

아사쿠사 / 도쿄

카미나리몬
아사쿠사를 찾으면 반드시 들르는
센소지(도쿄에서 가장 오래된 절)로
들어가는 문. 커다란 초롱 아래에는 멋진
용 조각이 새겨져 있다. 무심코 놓쳐
버릴 것 같은 이곳에서 뭔가 좋은 일이
일어날 것 같다.

갈 때마다 새로움을 발견하는 즐거움!

센소지는 도내에서 가장 오래된 사원으로 예로부터 에도 문화의 중심지로 크게
번영했다. 이후 현재까지도 시타마치(下町, 도시의 상업지역. 번화가)의 정서를
느낄 수 있게 북적댄다. 언제 와도 어딘가 들떠 있는 이 거리가 정말 좋다.
수건 등 소품을 팔고 있는데, 옛날 그대로의 것에 새로운 디자인을 입혀 세련된
물건으로 바뀌었다. 걸으며 먹을 수 있는 길거리 음식 개발에도 가게마다 힘을
쏟고 있다. 문턱이 높게 느껴지는 전통 있는 가게도, 아사쿠사라면 들어가 볼
용기가 난다. 조금 발을 뻗으면 갓파교 도구 거리도 재미있다. 세계에서 가장
높은 타워 스카이트리가 생기면서 옛 먹거리와 새로운 먹거리가 조화를 이루어
다양해졌다.

직물 문화와 우키요에 미술관 '어뮤즈 뮤지엄'

센소지 옆에 있는 직물 문화와 우키요에 미술관. 보로BORO라고
불리는 오래된 천과 의류를 중심으로 전시하고 있다. 몇 십 년, 몇 백 년
동안 계속 입어 온 천에서는 사람들의 애착이 느껴지며, 기하학
무늬가 아름다운 아오모리의 누비옷은 특히 감동이다. 그중에는
민속학자 다나카 추자부로가 남긴 국가 지정 중요 유형민속문화재인
의류도 있다. 전망대에 올라가면 센소지를 한눈에 바라볼 수 있다.

台東区浅草2-34-3
☎ 03-5806-1181
https://www.amusemuseum.com/

약 200미터 길이의 덴보원 거리에는 볼거리가 가득하다.
포목점의 지붕에는 천 냥 상자를 안은 네즈미코조(에도시대
말기의 의적)가 출몰하고 하쿠바 5인방이라는 가부키에
등장하는 도적들이 거리의 차양이나 빌딩 위에 숨어 있다.
점포에 붙은 에도식 목제 간판은 당시 상가에서 유행하던
상품을 본뜬 것으로 보기에도 즐겁다.

카마아사 상점

갓파바시 도구 거리에 있는 요리 도구점. 100년이
넘는 역사에 현대적 감각을 접목하고 있다.
주물점에서 시작했지만, 가마솥과 난부 철그릇이
잘 갖추어져 있다. 집에서는 구리 강판이나
법랑냄비, 저장 용기 등을 애용한다. 검은색 탁상
풍로에 푹 빠져서, 겨울에는 숯불구이를!

台東区松が谷2-24-1
☎ 03-3841-9355
http://www.kama-asa.co.jp

창을 열고서
집에서
사용한다

규조토에
멋진 검은색을 칠해
더러움도 눈에 띄지
않는다

59

아사쿠사 연예홀

1964년 개업한 쇼와 시대의 공간. 라쿠고, 두 사람이
주고받는 재담, 만담, 마술, 곡예 등 다양한 공연이
번갈아 등장한다. 밤낮으로 교체되지 않아 충분히
볼 수도 있다. 공연을 보면서 사람들은 간식을 먹거나
가볍게 술 한잔 마시거나 자유로운 분위기이다.

台東区浅草1-43-12
☎ 03-3841-6545
http://www.asakusaengei.com

늠름한 모습 속에서도
소탈한 분위기. 관광객부터
현지인까지 한잔 마시며
나베 요리를 끓인다.

료운카쿠

아사쿠사 공원에 있었던 전망대였다. 메이지 시대에 지어진 아사쿠사의 상징물로, '아사쿠사 12층'이라고도 불렸다. 환락가 아사쿠사의 얼굴이기도 했다. 도쿄에서 선구적인 고층 건축물로 일본 최초의 전동식 엘리베이터가 설치되어 있었지만, 관동대지진으로 붕괴해 해체되었다. 그림엽서를 볼 때마다, 직접 보고 싶었던 곳이다.

아사쿠사 하나야시키

명물 롤러코스터는 1953년부터 계속 달리는 일본에서 가장 오래된 것. 빌딩 사이를 가로질러, 말로 표현할 수 없는 스릴을 맛볼 수 있다. 스카이 트리 타워가 보이는 스페이스 샷이나, 옛날에 정겹게 떠오르는 팬더카 등 복고풍이 가득한 유원지.

台東区浅草2-28-1
☎ 03-3842-8780
http://www.hanayashiki.net/

아사쿠사 6구는 센소지의 서쪽에 있는 번화가로 지금은 사라진 료운카쿠, 오페라극장, 연예홀 등이 있다. 메인 스트리트는 록 브로드웨이.

도제우 이이다야

창업 110년을 넘어 지금은 5대째 이다 타다유키 씨가 경영한다. 귀중한 천연물인 '미꾸라지 나베'는, 미꾸라지를 통째로 넣는 '마루마루'와, 미꾸라지를 갈라서 머리와 뼈를 떼어낸 '히라키' 두 종류가 있다. 대대로 주인에게만 국물의 배합이 계승되고, 주인 아주머니에게만 '누타(잘게 썬 생선, 조개, 야채를 초된장에 무친 일본 전통 요리)' 양념의 배합이 계승된다고 한다.

台東区西浅草3-3-2
☎ 03-3843-088159 58

61

스미다강에서 보이는 여러 표정의 아사쿠사

스미다 강가를 산책하거나 수상 버스로
스카이트리 타워를 바라보거나
전철 안에서 한가로운 경치를 즐기거나
스미다강에서는 또 다른 분위기의
번화가의 모습을 느낄 수 있다.

스미다강에 걸쳐 있는 다리

스미다강에 놓인 다리는, 신카미야 다리, 닛타 다리,
토요시마 다리, 코다이 다리, 오쿠 다리, 오타케 다리,
게이세이 본선 철교, 센주 대교, 히비야선 철교,
미즈카미 대교, 시라히게 다리, 사쿠라 다리,
코몬 다리, 토부선 철교, 아가쓰마 다리, 코마가타 다리
우마야 다리, 조마에 다리, 총무선 철교 등이 있다.
수많은 다리를 오가는 것도 즐겁다.

키요스바시
독일 쾰른시의 현수교를 모델로 만든
우아한 다리. 밤에는 조명을 받아 더욱
아름답다.

료고크바시
무사시노구니와 후사토노구니를 연결한다고
해서 이름이 붙은 료고쿠바시는 센주 대교에
이어 스미다강에 두 번째로 놓인 다리이다.

62

도쿄 크루즈
스미다강의 수상 버스를
타면, 여느 때와는 다른
아사쿠사를 감상할 수 있다.
아사쿠사에서는 하마리 궁을
거쳐 히노데 산바리로 향하는
'스미다강 라인'과 오다이바를
잇는 '아사쿠사·오다이바
직통 라인'이 운행되고 있다.
스미다강에서는 아즈마교나
키요스교 등, 개성 있는 다리가
차례차례 나타난다. 마츠모토
레이지가 디자인한 우주선과
같은 '히미코'를 보면 기분이
좋아진다!

http://www.suijobus.co.jp/sp/

역의 홈에서 볼 수 있는
아르데코 양식의 창문.

토부 아사쿠사역
토부 아사쿠사역은 2012년에 개수해,
창건한 1931년 아르데코 양식의 외관으로
복원되었다. 마츠야 아사쿠사 점의
계단에서도 특징적인 디자인을 볼 수 있다.
토부 스카이트리 라인의 차창에서는
스카이트리 타워가 보일락 말락 하고,
스미다강에 이르면 갑자기 시야가 열린다.
수상 버스, 아즈마바시, 아사히맥주 빌딩이
한눈에 들어와 전망은 최고다.

일식에서 양식까지
노포만 모여 있는 곳

에도시대의 정서를 느낄 수 있는 미꾸라지
나베, 튀김, 초밥, 스키야키, 다방이나 양식 등
다양한 가게가 있다. 노포만 찾아가도
여러 번 다녀가야 한다.

뜨끈
뜨끈

빠이치

'빠이치'란 선술집의 통칭. 6구의 흥행가가 번창해,
연예인이 많았던 아사쿠사에서는, '잇빠이(가득)'를
'빠이치'라고 업계 용어로 거꾸로 불렀다.
1936년 창업 당시는 선술집이었던 것을 알 수 있다.
지글지글 무쇠냄비에 담겨 나오는 간판 메뉴인
비프 스튜는, 푸짐한 데미글라스 소스(진갈색의 진한
소스)도 뒷맛이 담백하다!

台東区浅草1-15-1
☎ 03-3844-1363

그릴 사쿠라

20대 여성이 셰프인데, 오랜 경험이 녹아난 요리는
눈여겨 볼 만하다. 어릴 적부터 이 가게를 이어받고
싶다고, 할아버지 밑에서 착실히 요리를 배워서
지금은 할머니와 함께 열심히 일하고 있다.
비프 스튜는 지방이 걸쭉한데, 맛있는 신슈 특산
사과를 먹여 키운 쇠고기를 사용한다. 돈가스
샌드위치 선물은, 잊지 말고 빨리 주문하자.

台東区浅草3-32-4
☎ 03-3873-8520

그릴 그랜드

전통의 맛을 지키는 가게가 많은데, '항상 새로운
것에 도전, 개량이 있을 뿐'이라고 말하는 개혁파는
그릴 그랜드 3대째인 사카모토 료타로 씨. 프렌치
레스토랑이나 호텔에서도 일을 했고 날마다 새로운
요리에 도전하고 있다. 특제 오므라이스가 가장
인기 있는 메뉴다. 고기와 야채를 그릴에 넣고 끓인,
살짝 누른 느낌이 새롭다. 어른이 좋아할 만한
데미글라스 소스를 곁들여 먹는다.

台東区浅草3-24-6
☎ 03-3874-2351

아사쿠사 이마한

1895년에 창업한 전통 있는 가게. 기모노
차림의 종업원이 눈앞에서 구워주는
사치스러운 스키야키는 입에서 살살 녹는
맛. 국물이 너무 달지 않아서 마음에 든다.
선물로는 츠쿠다니의 '쇠고기 스키야키'를.
아직 아이나 주부가 별로 외식을 하지
않았던 시대에, 집에 포장해서 가고 싶다는
남성 손님의 주문으로 시작되었다고 한다.

台東区西浅草3-1-12
☎ 03-3841-1114
http://www.asakusaimahan.co.jp

가는 방법

도쿄역 ↔ 아사쿠사역   JR선과 지하철 긴자선으로 약 16분
우에노역 ↔ 아사쿠사역   지하철 긴자선으로 약 6분

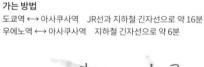

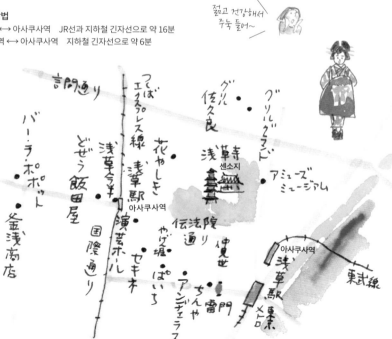

카미야 바

전기 브랜드로 유명하지만, 멋진 건물도
눈에 띈다. 1921년에 지은 근대건축은
2011년 유형문화재로 등록됐다. 1층이
'카미야 바', 2층이 '레스토랑 카미야',
3층이 '갓뽀 카미야'. 나는 쾌활한
아저씨라든가 가족 동반 손님이 많아
떠들썩한 2층 레스토랑을 좋아한다.

台東区浅草1-1-1
☎ 03-3841-5400
http://www.kamiya-bar.com

라 포포트

일찍이 긴자의 유명한 프렌치 레스토랑에서
서빙장을 지낸 오가와 아쓰히코 씨가
갓파바시 도구 거리의 골목에 가게를 차려
운영하는 이곳은 요리가 엄청나게 맛있었다.
카레가 숨겨진 라자냐, 쇠고기 기네스
조림(파스타 곁들임), 푸아그라와 오리 간 파이,
디저트인 크레페 슈제트 등. 어느 것이나
다 맛있다.

台東区松が谷3-1-4
☎ 03-3843-3486

맛있는 것을 먹은 뒤에는
아사쿠사의 맛을 가지고 돌아가자

보통과는 조금 다른 독특한 선물을 소개해 본다.
아사쿠사만의 맛을 친구나 가족, 나 자신을 위해
챙겨 가자.

야겐보리

3대 시치미 중에서도 가장 오래된 야겐보리는
1625년에 창업했다. 한약을 빻는 '야겐보리'에서
힌트를 얻어, 에도의 료고쿠 야겐보리에서
시치미 토우가라시(고추를 주재료로 한 향신료를
섞은 일본의 조미료)를 팔기 시작한 것이 시초다.
매장에서 취향대로 조제해 준다. 느티나무로
만든 표주박 용기를 곁들이면 선물로도 좋다.

新仲見世本店 / 台東区浅草1-28-3
☎ 03-3841-5690
http://yagenbori.jp

세키네

고기만두와 슈마이를 가게 앞쪽에서 판매하고
있다. 학창시절부터 줄곧 먹고 있는 고기만두는
갓 쪄낸 것을 그 자리에서 꿀꺽. 서서 먹어도
아사쿠사라면 괜찮다. 큰 고기만두에서 육즙이
떨어져서 정말 맛있다! 제대로 고기 맛이 나서
누구나 좋아한다.

台東区浅草1-23-6
☎ 03-3841-5230

스키야키 '친야'

가게 안의 음식 외에도 정육 매점이
있다. 고급 쇠고기 중에서 그리
비싸지 않은 햄버거를 추천한다.
빨리 가지 않으면 매진된다. 냉장을
요하는 것이라, 관광하는 동안
보관해 준다.

台東区浅草1-3-4
☎ 03-3841-0010
http://www.chinya.co.jp

안젤라스

산속 오두막집 모양을 한 양과자와 차를
파는 가게. 일찍이 가와바타 야스나리,
이케나미 쇼타로, 데즈카 오사무 등도 자주
왔다고 한다. 개업은 전쟁 후 얼마 되지
않은 1946년의 첫날. '매실 더치커피'에는
매실주와 매실이 딸려나온다. 복고풍 양과자
안젤라스가 간판 메뉴이다.

台東区浅草1-17-6
☎ 03-3841-9761

서민 문화의 정서가 남아 있는 사타마치 거리

KAMEIDO

카메이도 / 도쿄

카메이도텐 신사

학문의 신 스가와라 미치자네를 모신 경내는 매화, 등나무, 국화 등 사계절 꽃이 아름답다. 토리이(신사 입구 기둥문)를 지나면 마음을 형상화한 연못에 세 개의 다리가 있는데, 홍예다리에서 평평한 다리를 건너 마지막 홍예다리를 건너 본전으로 나아간다. 이것은 후쿠오카현의 다자이후 텐만구를 본뜬 것이다.

江東区亀戸3-6-1
☎ 03-3681-0010

가미우시
본전의 왼쪽에는, 스가와라 미치자네
공과 연관이 있는 소의 동상이 있다.
이 소를 만지면 병을 고치고 지혜를
얻는다고 한다.

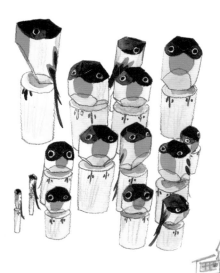

우소카에

매년 1월 24, 25일 양일간 행해지는 '우소카에 신지'. 멋쟁이 새는 행운을 부르는 새로, 참배객이 나무로 만든 멋쟁이새 인형을 서로 교환하고 신주로부터 다른 것을 받는다. 전년의 거짓말(嘘)을 반납하고 새로운 멋쟁이새(鷽)하고 바꾸는 것으로, 지금까지의 나쁜 일이 거짓말이 되어, 개운이나 출세를 얻을 수 있다고 한다. 1820년부터 대대로 신쇼쿠가 직접 조각하고 있다.

江東区亀戸4-18-8
☎ 03-6802-9550
http://www.kameume.com

카메이도 우메야시키

우타가와 히로시게도 우키요에로 만든 카메이도 우메야시키. 에도시대에 실재했던 저택과 매화의 명소를 모티브로 하고 있다. 카메이도의 세련된 역사와 문화를 발신하는 거점으로서 에도 키리코나 우키요에 등의 현지의 전통 공예나 선물을 살 수 있다. 카메이도인 만큼 카메이도를 딴 상품도 많다. 수륙양용 버스 스카이덕Sky Duck의 발착지이기도 하다.

음식 문화와 전통 공예,
관광지화되지 않은 에도의 숨결

에도 정서가 숨쉬고, 높은 의식을 가지고 그것을 현대에 전하려고 하는 사람들이 있다. 그 중심에 카메이도 텐진샤와 가토리 신사가 있어 마을의 상징으로 사랑받고 있다. 스카이트리와 함께 걷기에도 좋은 곳에 위치하고 있다. 관광지화 되지 않은, 자연체의 시타마치 정서를 맛볼 수 있는 것이 카메이도의 매력이다. 출출한 배를 채우면서 이곳저곳 다니다 보면 따뜻한 인심을 느낄 수 있다.

라벨을 디자인한 일본수라 수건도 팔고 있다!

후나바시야
'원조 쿠즈모찌'로 알려진 '후나바시야船橋屋'
본점은 카메이도 텐진 바로 옆. 1805년에
창업한 쿠즈모찌는 오랜 시간을 들여
만들었어도 유통기한은 단 이틀이다.
그 덧없음에서 미의식, 과자의 정수를
느낄 수 있다. 요시카와 에이지가 쓴 찻집
간판이 멋스럽다. 아쿠타가와 류노스케 등
유명인들도 다녀갔다고 한다.

안미츠나 미츠마메, 단팥,
우무, 아이스 모나카 등
옛날부터 전해오는 단맛. 원조
쿠즈모찌는 절묘한 탄력의
쿠즈모찌에 오키나와산
검은 꿀, 향기로운 콩가루가
삼위일체를 이루어
그 맛은 최고다!

산책 도중에 휴식할 수 있는
매력적인 가게도 많다!

재료 본연의 맛을 살린 심플한 맛은 언제라도
누구에게나 사랑받는다. 옛날 그대로의 제조법이나
엄격하게 선별한 전통 재료를 사용해 출출한 배를
채우기에도, 선물용으로도 좋다.

亀戸天神前本店 / 江東区亀戸3-2-14
☎ 03-3681-2784
http://www.funabashiya.co.jp/

오시아게 센베이 본점
뒷골목에 있는 것은 1927년에 창업한 센베이 가게.
상품이 매우 다양해서 고르는 즐거움이 있다.
'카메이도 고센'에는 통통하고 작은 거북 모양의
전병이 들어 있다. 카메이도 무를 모티브로 한
'카메이도 다이콘 센베이'도 있다. 그림 그리는
걸 즐기는 남편이 큰 생일 전병에 글자나 그림을
장식해 준다.

江東区亀戸2-38-5
☎ 03-3681-6010
http://www.oshiage-senbei.jp

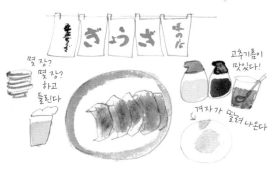

카메이도 마스모토 본점
1905년 술집으로 창업했다. 환상의 에도
채소 '카메이도 무'를 맛볼 수 있는 명물의
나베 코스 등 에도시대 시타마치의 맛을
느낄 수 있다. 직거래 농가에서 재배한
'카메이도 무'나, 천연염·유기간장·지양란
등 엄선한 재료 선택으로, 옛날부터 전해진
일식을 재검토해, 지금의 시대에 맞는
새로운 음식을 만들고 있다.

江東区亀戸4-18-9
☎ 03-3637-1533
http://masumoto.co.jp

카메이도 만두
대학생 때부터 카메이도에 가면 꼭 들르는 가게.
메뉴는 만두뿐이라 간결하고, 채소 중심으로 매우
단출하다. 대개 바삭한 만두 두 접시와 맥주 한
병으로 끝. 카운터 자리는 혼자서 앉아도 되고 테이블
안쪽 다다미방 자리는 여럿이 앉기 좋다. 일본 술
외에 노주老酒나 오가피주五加皮酒 등 중국술도 있다.

江東区亀戸5-3-3
☎ 03-3681-8854

'스미다강 바지락 밥'
'마스모토 스즈시로(무의 옛말)안'의 일품요리 도시락. 보존료,
합성착색료를 전혀 사용하지 않는 도시락이나 반찬을 살 수
있다. '카메이도 무'로 만든 타마리즈케와 '카메카라코우지'가
되는 풋고추를 누룩으로 장기 숙성시킨 양념이 포인트. 도내
각지의 백화점이나 역 건물의 매점에서도 살 수 있다.

마스모토 스즈시로안
江東区亀戸2-45-8 升本ビル
☎ 03-5626-3636

가토리 신사를 중심으로
추억의 복고풍 상점가

카메이도 텐진샤에 늘어선 그 고장 주민의
수호신(우지노카미)을 모신 가토리 신사. 길을
새롭게 단장했고 예스럽게 바뀌었다. 정겨운
풍경과 인정어린 사람들을 만날 수 있다.

카메이도 가토리 쇼운 상점가

도쿄 스카이트리 타워의 개장에 맞춰 상가들도
새롭게 변화하고 있다. '쇼와 레트로'를 콘셉트로
2011년에 탄생한 카메이 가토리 쇼운 상점가는
스카이트리에서 약 1.6킬로미터 반경을 말한다.
산책하기에도 딱 좋은 거리. 가토리 신사의
기존 상가를 간판건축 풍으로 리모델링하여
1950년대 풍으로 통일했다. 지붕 달린 이동식
포장마차 야타이가 나와 있는 것도 있다.

마루사다

핫피 차림의 안주인이 명물인 미소시루 가게.
기호에 맞게 미소시루를 양념해 준다. 주인
아주머니가 주걱을 던져 된장에 찌르는 멋진
솜씨는 꼭 보아야 한다!

江東区亀戸3-60-18
☎ 03-3682-5437

아오모리 교류숍 무츠시 타키타

아오모리현 무츠시의 물산을 중심으로 판매.
병에 든 성게알젓과 아오모리 노송나무
기름(히바유)은 반드시 구입할 것. 가게
안쪽에 장식된 옛 칠기도 소박해서 좋다.

江東区亀戸3-60-17
☎ 03-5875-0957

가토리 신사

스포츠의 필승 기원으로 유명한데,
무의 비가 있는 것이 재미있다.
카메이도에서 무 재배가 시작된 것은
1861~1864년 무렵. 처음엔 '오카메 무'라고
불렸지만, 1900년대가 되어 '카메이도
무'라고 불리게 되었다. 뿌리가 30센티미터
정도의 짧은 무로 끝이 쐐기 모양으로
뾰족한 것이 특징이다.

江東区亀戸3-57-22
☎ 03-3684-2813

에도 채소란 도쿄 주변에서 전통적으로
생산되던 재래 품종의 채소를 말하는데
다니나카 생강, 센주 파, 에도가와구 순무,
다키노가와 우엉 등이 있다.

72

발효문화 응원단

전통 술과 발효 식품을 중심으로
발효 문화를 전하는 선술집으로, 사람과
사람을 발효시키는 공간을 지향한다.
옆자리 사람과 친해지거나 상가 사람들이
술을 마시러 와서, 이야기꽃을 피운다.
단장 겸 점주 키츠레가와 씨는 카메이도의
마을재건사업에도 열심히 활동한다.

江東区亀戸3-59-15 千田ビル1F
☎ 03-3684-1585

키레짱   마리짱

주걱으로
떨어서
판다

江東区亀戸1-35-8
☎ 03-3685-6111
https://sanomiso.com

사노미소

1934년에 미소시루 전문점으로 개업했다.
식당 내 큰 통에 담긴 전국 각지의
미소시루는 60여 가지가 넘는다. 달콤한
흰색부터 숙성이 된 검은색까지 다양하고
'소믈리에'가 조언을 해 준다. 그밖에도
자연주의 우메보시, 절임, 건어물, 조미료
등도 판매한다.

가는 방법
도쿄역 ↔ 카메이도역
JR선으로 약 15분

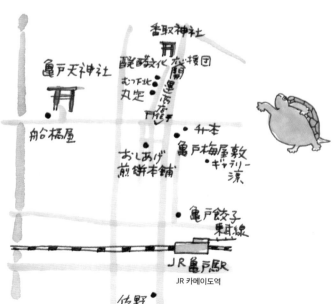

JR 카메이도역

먹고 마시는 술집 천국

TATEISHI

타테이시 / 도쿄

선물로

아이치야
葛飾区立石1-19-4

타테이시 술집 순례
타테이시에서는 하루에 7~8 곳은
당연히 가 보기로 각오하고 출발! 어느
가게나 손님으로 붐비고 있으니까, 먹고
마셨으면 멋있게 빨리빨리 다음 가게로!
옆자리 손님도 같이 끌고 가자.

출발

정오가 지나서 도착한 이곳은 우선 역
남쪽 계단을 내려오면 어느새 튀김 냄새가
진동한다. 정육점 '아이치야' 매장에서
튀겨지는 고로케나 멘치가쯔다. 뜨거운
음식을 먹고 싶은 마음이 간절하지만,
여기서는 꾹 참고 선물로 사 가자.

타테이시에서 마신다면
1차·2차·3차는 기본

대낮부터 당당하게 마실 수 있는 마을, 타테이시. 찾아가는 길이 다소
불편하지만, 이 동네는 술꾼들이 일부러 찾아가는 착한 가격의 맛집들이
몰려 있는 주점 지대다. 역 앞에서부터 바로 술집이 시작되고, 백보 정도
되는 거리에 온갖 가게가 한자리에 모여 있다. B급 먹거리, 길거리 음식도
풍성하다. 사람과 사람 사이의 거리가 가깝기 때문에 순식간에 이 동네에
오랜 세월 살고 있는 듯한 친근감과 아늑함을 느끼게 된다. 나의 타테이시
데뷔는 22살 무렵, 당시에는 여대생들이 술 마시러 가는 동네가 아니라
아저씨들의 천국이었다. 최근에는 여성이나 젊은이들이 많이 찾아와
토요일과 일요일은 혼잡한 인기의 거리로 변화하고 있다.

74

오뎅마루추(구 이모우사쿠)
葛飾区立石1-19-2
☎ 03-3696-6788

첫 번째 가게

게이세이 타테이시역은 전철의 편수도 적고, 지나치면 되돌아오는 데에 시간이 걸린다. 그곳에서 친구와 만날 때는 30분 정도 여유를 두고 '오뎅마루추'에서 만나기로 약속한다. 먼저 도착한 사람부터 마시기 시작해 가볍게 오뎅을 쿡쿡 찔러 먹다가, 다 모이면 다음 메뉴로 넘어간다.

줄 서지 않을 만큼 타이밍이 중요해

토마토 오뎅

채소다시(즙)

소주·일본주
(매실시럽 추가)

떡구이는 신선해!

뚜구이
홍쇼쥬 얹혀져
맛이 담백하다

두 번째 가게

마루추에서 엎어지면 코 닿을
데에 있는 곳은 타테이시의
대명사 모츠야키(내장 꼬치구이)
'우치타'. 이곳이야말로 맛이
깊은 주점! 이전에는 여성이
거의 없었지만, 요즘엔
드문드문 눈에 띈다. 주문할
타이밍이나 메뉴 등은 반드시
옆자리 손님이 알려 준다.

우치타
葛飾区立石1-18-8

반대 쪽에도
입구가 있다

세 번째 가게

포렴(간판처럼 늘인 천 장식)에 둘러싸인
건물에는 주말에도 장사진을 이룬다.
서민적인 재료를 사용한 메뉴는 모두
가격이 저렴하다. 다른 가게에서는
볼 수 없는 생 가리비의 끈이, 오독오독
섭히는 식감의 매력에 빠지게 된다.
1958년에 창업한 '사카에 스시'는
이전에는 본점도 자리잡고 있었다고
하지만, 지금은 역전점 뿐이다.
서서 먹는 것이 타테이시답다.

사카에 스시
葛飾区立石1-18-5
☎ 03-3692-7918

오래된 멋의 실용 자전거

급하다 급해~

76

(직장인들이 퇴근후 한잔 할수 있는 먹거리 골목)

논네오코소

大東商店 鳥房
677-7025

포장 주문은 낮부터 가능

통로 골목길

여기부터 출발 저녁부터 개점

상점가

토리후사
葛飾区立石7-1-3
☎ 03-3697-7025

네 번째 가게

선로 북쪽으로 이동해, 닭 반 마리 튀김이 아주 맛있는 '토리후사'로 가 보자. 낮에는 매장에서 선물을 살 수 있고, 저녁부터는 뒤쪽의 가게 안에서 마실 수 있다. 이미 술을 마셨다면 가게에 들여보내 주지 않는 약간 엄격한 가게.

다섯 번째 가게

이 시점에서 대략 오후 6시 정도. 드디어 '란저우'의 개점 시간이다. 주문을 받는 즉시 눈앞에서 만두피를 밀어, 속을 채운다. 군만두도 있지만, 나는 단연 물만두파. 소흥주를 꿀꺽꿀꺽 마시면서 배가 불러도 여러 개를 먹어치우게 되는 가공할 만한 만두 맛집이다.

餃子の店
蘭州
市場手造餃子 燒

自然派!

맛있다!

란저우
葛飾区立石4-25-1
☎ 03-3694-0306

고추를 꼭 얹어서 먹기!

여섯 번째 가게

한숨 돌리고, 바의 느낌으로 느긋하게 술을 즐기고 싶어져서 새로운 '이모우사쿠'로 이동했다. 순쌀 청주와 자연파 와인을 양심적인 가격으로 내놓는다. 하지만 음식도 맛있기 때문에 자기도 모르게 자꾸 먹게 된다.

이모우사쿠
葛飾区立石1-14-4
☎ 03-3694-2039

주문을 받고 바로 만든다. 구운 만두보다 단연 물만두!! 어떤 만두도 먹고 싶다

가게 주인의 어머니가 운영하는 '마루타추 오뎅집'에서 오뎅을 봉지에 가득 담아 선물로 산 뒤에야 겨우 끝이 났다.

77

아직 성에 차지 않은 사람은 '쿠라이 스토어'로! 가족이 운영하는 작은 슈퍼마켓에는 특별히 꼽을 만큼 반찬이 알차고, 게다가 꽤 싸다. 도시락과 정식도 즉석에서 만들어 준다. 가게 안의 한 구석에 자리한 테이블석에서는 각양각색의 다양한 캔맥주와 츄하이를 마실 수도 있다. 타테이시 술집 순례의 마무리로 딱 맞는 곳이다.

쿠라이 스토어
葛飾区立石2-18-4
☎ 03-3691-4593

카레

오뎅

가지피망볶음

꽁치구이

호박조림

볶음밥

언제나 약간의 인간 드라마가 전개된다. 캔을 잔뜩 늘어놓고 손을 꽉 쥔 채 마주보는 중년 커플. 아주 가까운 거리에서 바라보는 아이도 모를 정도로, 두 사람만의 세계에 빠져 있다.

귀가

타테이시에서 돌아가는 것은 무섭다. 게이세이선은 하네다 공항으로도 나리타공항으로도 통하고 있기 때문에, 깜박 잠이 들면 어디로 갈지 모른다……. 곤드레만드레 취해서 귀가에 실패한 친구가 여럿 있으니 주의하자!

돌아올 때는 잠들지 마요-!!

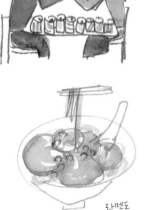

라멘도 야키소바도

왼쪽부터 히다카 씨와 니시무라 씨, 히다카 씨의 어머니. 민낯 피부가 반들반들한 것은 오뎅 덕분일까!?

'이모우사쿠'와 '오뎅마루추'의 관계

지금은 매우 유명해진 '이모우사쿠'는 2007년에 개업했다. 예의바른 점장 히다카 씨와 짝꿍 니시무라 씨의 꽃미남 콤비가 운영하는 맛있는 오뎅탕집이다. 가게의 옆에는 히다카 씨의 모친이 경영하는, 창업 32년 된 테이크아웃 전문점이 있어, 제휴해서 오뎅을 팔고 있다. 그리고 2015년 새로운 움직임이 '이모우사쿠'의 가게를 그대로 '오뎅마루추'라고 개명해 니시무라 씨에게 맡겼고, 히다카 씨는 '이모우사쿠'라는 가게 이름을 가지고 선로변에 새로운 가게를 오픈했다. 모두 자연파 와인을 비롯해 각종 엄선한 술을 마실 수 있다. 특선 메뉴인 '규스지 니코미(소힘줄 조림)' 추천한다!

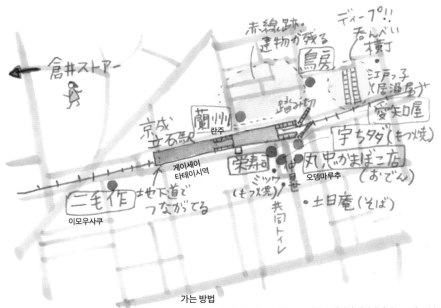

가는 방법
도쿄역 ↔ 게이세이 타테이시역   JR선과 도에이선 게이세이선으로 약 30분
시나가와역 ↔ 게이세이 타테이시역   게이큐선·게이세이선으로 약 35분

대중목욕탕, 저장고, 오래된 건물이 혼재하는 거리

SENJU
센주 / 도쿄

옛것과 새것이 겹겹이 쌓인 '센주'다움

내가 사는 센주는 에도시슈쿠江戶四宿의 하나로서, 구 닛코 가도를 중심으로 발달했다. 예로부터 여행자를 맞아들이고 사람과 물건의 교류가 활발했던 역사 덕분인지 오는 사람을 따뜻하게 맞이한다. 창고, 대중목욕탕, 골목길, 빨간 초롱이 걸린 선술집……. 겹겹이 쌓인 시간과 함께 자란 풍경은 산책하기에 아주 좋다.

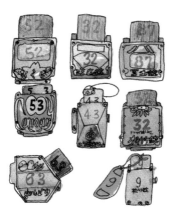

타카라유
툇마루의 왕라고도 부르고 싶은, 정원이 훌륭한 공중목욕탕. 손질이 잘된 연못에는 잉어가 헤엄친다. 입구의 보물선에 탄 시치후쿠진七福神(복덕을 주는 7가지 신)은 시바마타 제석천과 같은 조각사가 조각했다.

足立区千住元町27-1
☎ 03-3881-2660

80

스미다강과 아라카와강 사이에 있는 지역에 볼거리가
많다. 뱀장어의 잠자리 같은 가늘고 긴 종이 모양의
부지 쪼개기는, 시대를 거쳐 100개가 넘는 골목길이
되어, 골목이나 상가와 함께 생활감이 감도는 시타마치
풍경을 이루고 있다. 원래 잘나가던 음식점이 최근에
더 많아졌다. 일상의 쇼핑에는 슈퍼마켓뿐만이 아니라,
채소 가게, 정육점, 생선 가게, 제과점 등 전문점이
여러 가지 있어 편리하다. 서민 생활의 정취를 슬쩍
엿보면서 산책해 보면 좋겠다.

다이코쿠유

도쿄 목욕탕의 왕중왕으로 유명한
다이코쿠유는 외관은 물론, 격자 천장
하나하나에 그려진 꽃과 새, 바람과 달
그림도 훌륭하다.

足立区千住寿町32-6
☎ 03-3881-3001

센주에 열 곳이나 모여 있는 목욕탕은 왕이라고 부를 수 있는 최고급 공간

아다치구는 도쿄에서 두 번째로 목욕탕이 많고,
그중 열 곳이 센주에 집중되어 있다.
품격 있고 정원이 자랑거리인 다카라유 등
목욕탕 순례를 즐겨보는 것은 어떨까?

아사히유

일상의 모습을 느끼려면, 1949년에
건축된 아사히유가 숨겨진 명소다.
도내의 목욕탕은 1945~1954년 경에
지어진 건물이 많다. 아르 천장에,
타일 그림이 사랑스럽다. 목욕탕
주인이 친절해서 좋다!

足立区千住宮元町13-10
☎ 03-3881-2277

81

큐조 아틀리에
1999년에 센주로 이사한
것은 건축 200년 된 이 곳간을
만났기 때문이다. 원래는
떡과자점의 팥을 보관하는
곳간이었지만, 전후에
주택으로 개축한 것. 겨울은
춥고 여름은 덥다. 외풍도
심하다. 하지만 세월이 묻어난
건물이 지닌 포용력 같은 것이
있었다. 자리를 옮겼지만,
이 곳간 덕분에 많은 사람을
만나, 센주를 깊게 이해하는
단서가 되었다고 감사하고
있다.

골목 안쪽에 호젓이 서 있는 곳간이
여인숙 마을의 모습을 남기다

센주에는 다양한 곳간이 여기저기 있다. 에도시대의 토장,
메이지 시대 이후의 벽돌, 타이쇼·쇼와의 오야이시나
콘크리트. 구 닛코가도를 따라서 있는 가게의 뒤편에는,
상가의 곳간으로 만들어진 흙벽으로 된 곳간이 많다.

센주주쿠의 역사 쁘띠 테라스
구 닛코가도 변에 있는 요코야마가
주택의 곳간을 해체하고 옮겨와서
지어, 구내에 거주하는 사람에게
빌려 주고 있다. 50동 가까이 있는
센주의 곳간 중에서도, 내부를
견학할 수 있는 곳은 많지 않다.
전시와 함께 훌륭한 들보나 기둥의
건물을 둘러보자.

벽돌
벽돌 제조나 벽돌 건축은
메이지유신때 서양에서 전해온
문화이다. 아다치 구역에는
아라카와, 나카가와, 아야세강이
흘러 뱃길에 생겨난 흙을 채취하여
크고 작은 벽돌 제조 공장이 생겨났다.
그래서 쇼센지勝專寺 본당이나 담장을
비롯해, 시내 곳곳에 드문드문 벽돌의
흔적이 남아 있다.

카즈테역 앞에는
화물을 내려서 보관하는
벽돌곳간이 줄지어 있다

足立区千住河原町21-11
☎ 03-3880-5188
(사용료, 입장료 무료)

82

요코야마 가문의 곳간
슈쿠바초의 덴마야시키의
모습을 남긴 요코야마가는,
에도시대부터 토지스키 종이
도매상을 운영하고 있다.

足立区千住4-28-1

찻집 곳간
다이쇼 시대의 전당포 곳간을
30년쯤 전에 찻집으로 개축해
계산대를 카운터 석으로, 곳간을
테이블 석으로 사용하고 있다.

足立区千住1-34-10
☎ 03-3882-0838

옛 나카가와의 곳간
전 찻집 곳간은 당시에 차나 김을
보관할 때 사용했다. 나무간판은
1938년 창업 때 만들어졌다.

足立区千住3丁目

가는 방법
도쿄역 ↔ 기타센주역
JR선과 지하철 지요다선으로 약 20분

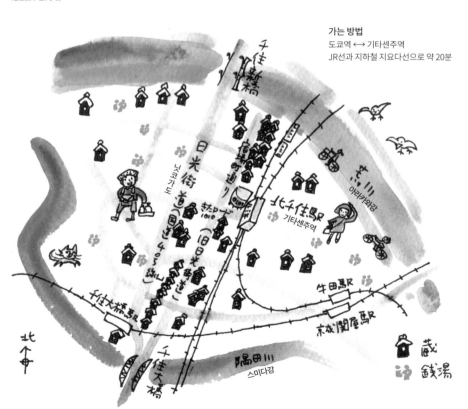

과거와 현재가 공존하는 센주에서는
오래된 건물도 개성이 넘친다

센주에는 상점가와 골목마다 개성이 넘치는
반짝이는 건물들이 빼곡히 박혀 있다. 어느 골목이든
꼭 가 보고 싶은 마음이 절로 든다.

오오하시 안과의원

아주 오래된 양옥이지만, 실은 1982년에 지은 안과
건물이다. 골동품 수집이 취미인 남편이 수집품을
모아 만들었다. 1961년 무렵의 쇼와대로의 가스등,
도쿄대학 앞의 담배 가게에서 물려받은 메이지
시대의 난간, 또 스스로 미장을 하거나 대장간에서
만든 램프의 촛대와 릴리프 등도 완성도가 높다.

구 센주우체국 전화 사무실(현 NTT)

센주에는 몇 안 되는 근대건축의 하나로
1929년에지었다. 설계는 일본 무도관이나
교토 타워 등 대표작으로 알려진 야마다
마모루. 넉넉히 사용된 스크래치 타일과,
곡면이 아름다운 건물로 견학은 할 수 없다

足立区千住中居町15-1

足立区千住3-31

足立区千住3-31

나카다 에리의 작업실

2013년 말부터 센주에 새로운 아틀리에를 마련했다.
지은 지 약 50년 된 목조 모르타르 건물을 리노베이션
했다. 매년 4월에 개인전을 여는 것 외에 전시나
이벤트 공간으로 활용하고 있다.

아라카와와 호리키리역
TV드라마〈3학년 B반 킨파치
선생〉의 촬영지로 유명한,
아다치 구민들의 쉼터.
1930년에 홍수 대책으로
인공적으로 만들어졌다. 건물이
밀집한 센주에서 아라카와 둑을
향해 바라보면 하늘이 굉장히
넓게 느껴진다. 호리키리역은
지금도 소박하고 사랑스럽다.

호리키리역에는 토부 스카이트리
라인으로 키타센주역에서 3분 거리.
기타센주에서 걸어도 갈 수 있다.

센주 대교
에도시대, 스미다강에 첫 번째로
놓인 다리이기 때문에, 단지
'오오하시(대교)'라고만 새겨져 있다.
히로시게의 그림에도 그려져 마츠오
바쇼가 안쪽의 오솔길로 출발한 땅.
현재는 일본에서 가장 오래된 타이드
아치교(반원형의 양끝을 연결재로 이은
다리)로서, 1927년에 가설되었다.

쇼센지
빨간 문이 있는 절로, 염라대왕과 함께
친숙하다. 1906년에 건립된 쇼센지勝專寺
본당은 인도 양식의 콘크리트조에 붉은
벽돌을 사용한 근대건축. 1월과 7월의
15~16일은 염마당이 개장되어 재를
올리는 날로 북적거린다.

足立区千住2-11

85

쇼핑이 편리한
센주의 상점가

구 닛코가도의 역참 거리, 혼마치 센터, 센주나카마치 상점가,
밀리언도리 상점가, 센주 미도리초 상점가 등, 센주에는 좁은
지역에 상가가 20개가 넘게 있어, 지나가는 길에 들르면 된다.

상점가의 이모저모

기타 로드에는 이토요카도 1호점이 있다. '우에오카 상점
본점'은, 기념일이나 이벤트가 있으면, 이곳에서 고기를
사는 사람도 많다. '카토센마메점'은, 되로 달아서 판매하는
옛날 스타일의 가게. '이나리 스시 마츠무라'는 전문점의
자부심으로 유부 초밥과 박고지 김밥 두 종류만 판매한다.
'이노코 과자점'에는, 귀엽고 소박한 과자가 엄청 많다.

센주에는
20개 점포가 넘는
상점가가 있어
활기찹니다!

86

휴식처 센주 거리의 역
거리를 걸어 다니는 데 도움이 되는 정보 지도와
패널 전시가 있어, 여러 가지 도움을 받을 수 있는
정보센터 역할을 하는 곳이다. 원래 생선 가게였던
건물을 개축해서 진열장의 타일이나 지진 기둥 등
당시 흔적이 그대로 남아 있다.

足立区千住3-69

말그림 가게 요시다가
도쿄에서 유일한, 손으로 직접 그린
말그림을 파는 가게. 전해지는 무늬는
약 165종. '눈め' 글자가 마주 보이는
말그림은 바로 옆 초엔지長円寺 눈병
지장에 바치면 효과가 있다고 한다.
센주의 축제나 가게 앞에 걸린 행등도
이곳에서 쓴 것이다.

足立区千住4-15-8

카도야의 꽃이 경단
슈쿠바초에서는 여행의 피로회복에도
좋은 화과자점이 많이 있었다고 한다.
그 자취가 지금도 남아 있다. 간단하게
'팥소 경단'과 '구운 경단' 두 종류가 있다.
수가 얼마 안 되는 찰밥이나 콩떡도 추천 메뉴.
1948년에 창업해 개축했지만 맛은 그대로이다.
테이크아웃만 가능하다.

足立区千住3-6
☎ 03-3882-5524

센주슈쿠 가베모노가타리
한 잔 한 잔 정성스럽게 넣는 자가 로스팅
커피집. 300개가 넘는 컵 가운데는 도예를
좋아하는 마스터의 작품도 하나둘 섞여 있어
취향대로 요청할 수도 있다. 맛있는 커피
외에도 샌드위치, 케이크 등도 있다.

足立区千住5-5-10
☎ 03-3888-0682

足立区千住3-46
☎ 03-3881-6050

조림 오오하시

'도쿄 3대 조림'의 하나로
여겨지는 오오하시는,
1877년에 창업했다. 이 집의 명물
고기두부를 안주로 한잔하는
것도 별미다. 킨미야 소주에
탄산을 넣고, 매실 시럽을 살짝
떨어뜨려 마시면 좋다. 언뜻 보면,
단골뿐이라 들어가기 어려워
보이지만 관광객도 많다.

역 앞에서부터 시내까지
술집이 굉장히 많다

센주에 계속 사는 이유 중 하나가 술집이 알차고 많기
때문이다. 나는 노포 취향이지만, 리노베이션한 세련된
카페 등도 많아져서, 거리는 분위기가 좋아지고 있다.

마지마

1956년 창업. 1980년대 음악을
배경음악으로 한가로이 낮술을 즐길 수
있다. 여름은 으깬 두부를 한천으로 굳힌
'타키가와 두부', 겨울은 흰살 생선을
'삶아 굳힌 것'이 필수 안주이다. 가장
추천하는 것은 닭꼬치(야키도리). 닭은
소금으로, 내장은 조미한 국물이 좋다.

足立区千住仲町40-1
☎ 03-3888-4411

야키도리 토오야마

술꾼의 마음을 흔드는 초롱에
새끼줄 포렴, 향긋한 연기를
내는 공기 배관, 함석을 두른
외벽, 카운터만 있는 가게 안이
정겹다. 가업이 닭고기집이었던
마스터가 구운 것은 영계 통닭.
걱정스러울 정도로 불이 가까이
있지만, 육즙이 풍부하고
잘 구워져서, 맛있다!

足立区千住3-24
☎ 03-3870-3639

사사야

가게 주인은 신주쿠의 오모이데요코초 먹자골목과
긴자 '사사모토'에서 수업했다고 한다. 명물인
곱창조림과 꼬치양배추 수프는 신슈 미소시루에 내장
맛이 더해져 감칠맛이 난다. 킨미야 소주에 레드 와인을
더한 '부도와리', 매실 시럽을 더한 '우메와리',
커피콩을 절인 '킨미야 가베'도 이곳의 명물이다.

足立区千住2-65
☎ 03-6661-3773

사카야노사카바

아다치 시장에서 사온 생선은, 생선회를
중심으로 하는데 싸고 맛있다. 역에서 떨어져
있지만 일부러 찾아갈 충분한 가치가 있다.
한 잔에 540엔이면 마실 수 있는 그때그때의
토속주는 세 잔이 차례로 나온다.

足立区千住中居町27-16
☎ 03-3882-2970

카가야

옆 손님의 안주를 잘못 먹을 것
같을 정도로, 언제나 북적북적
손님이 많다. 이 혼잡을 기분
좋은 활기로 바꾸고 있는 것이
주인인 카가야군. 너무 편해서
그만 과음을 하게 된다.

칸칸멘

면만 있는 게 아니라 웬만한 한국 요리가 다 있다. 분홍색
간판에 빨간색 가게 안이 수상하지만, 술을 마시는 사람도,
안 마시는 사람도 누구나 갈 수 있다. 굵기를 선택할 수 있는
면, 볶은 음식, 샐러드 느낌의 회 등, 맛있고 매운 요리에는
탁주에 사워를 섞은 '도부로쿠 사워'를 곁들이고 싶다.

足立区千住2-62
☎ 03-3879-1194

足立区千住2-62
☎ 03-3870-7826

거리 산책의 키워드
'유곽 건축' 알아보기

유곽 건축은 그 고장의 역사, 산업, 경제, 지역성, 기후, 인간성을 읽는 데 중요한 키워드이기도 하다.

둥근 기둥과 타일의 현관

코너 타일의 둥근 기둥과 아르 차양

스키야 풍의 둥근 창에서
스테인드글라스까지, 다양한 창문

다양한 모자이크 타일

유곽 건축이란
에도의 요시하라에서 시작된 공인된 매춘지대인 유곽은 주쿠바초, 쇼가마치, 몬젠초, 미나토초 등 번화가에는 반드시 존재했다. 요시하라에서는 에도시대의 격자창의 일본식 건축으로부터, 메이지 유신 후의 유럽화 정책을 재빨리 도입해, 긴자보다 먼저 벽돌 건축을 만들 수 있었을 정도였다. 전후에는 유행하는 카페 취향, 스페인, 이슬람, 독일, 아르데코 풍의 디자인이 가미된 절충 양식이 성행했다. 둥근기둥, 둥근창, 아치, 마메 타일 등 극채색을 단편적으로 도입한 독특한 공간이 비일상성을 연출했다.

운수가 좋은 한 쌍의
새 장식이 달린 두꺼비집

장식적인 돌붙임과
아르의 외관

외관

건물 모퉁이의 모서리를 자르거나 곡면으로
만든 연출. 1층에는 입구가 몇 개 설치되어
손님을 끌었다. 외벽이나 두꺼비집도
화려하게 장식하고, 2층 창문으로도
손님을 불러들이기 위해 창문마다 차양에
조명 기구를 설치하기도 했다.

방 배치

넓이는 최소 다다미 네 장 반 크기의 방 구조가
대부분이고 저렴한 곳은 세 장 정도다.
공창제도 폐지 후 상당수는 방 배치를 살려
여관이나 아파트, 기숙사 등으로 바꿔서
사용했다. 각 방에는 간이 도코노마도.
길가에 면한 방은 방바닥을 한 층 높이는 등
조촐하면서도 격식의 차이가 있다.

1877년 경의 요시하라 다이몬

겟카이와 다이몬

요시하라 유곽은 에도 막부에 의해 계획적으로
만들어진 도시 시설이다. 풍기와 치안을
지키기 위해 벽지에 해자를 둘러 네모난 거리를
조성하였다. 입구에는 대문이 설치되어
외부인의 출입을 관리했다. 타 지방에서도
이를 본뜬 것을 많이 볼 수 있다. 지도에서
네모난 구획을 찾으면 유곽터일지도 모른다.

3

마음 가는 대로
기차 타고 떠나는
미식 기행

전차를 갈아타는
기이반도 일주

ISE, SHIMA, NANKI

이세 · 시마 · 난키 / 미에현 · 와카야마현

신형 관광특급 '시마카제'
오사카, 교토, 나고야 이 세 개 도시에서
긴테쓰 가시코지마역까지, 하루에 한 번씩
신형 관광특급열차가 운행된다. 지극히
세심한 설비에 럭셔리한 차내는 정말이지,
무조건 좋아할 수밖에 없다!!

카페 차량에는 해산물 필라프,
쇠고기 카레, 굴국수 등의 메뉴도 있다.

신과 자연을 느끼면서
여유있게 전차 여행

파워 스폿 붐에 이세 신궁 식년천궁,
그리고 2016년에 열린 이세 시마
정상회담. 우선은 계속 주목받고 있는
미에현으로. 갈 때는 특급 시마카제를
타고, 먹고 마시며 호사스러운 기분을
맛본다. 와카야마현과 미에현의
일부를 포함한 난키 지방의 풍경이

테이블이
2단!!

파티 가능

에키벤
시마카제

두 병째
카쿠하이루
이세시마 한정

시마카제
오리지널
손수건

첫 병째
신토바루

테이블 시트의 뒤쪽과 팔 부분도 두 개나
사용할 수 있다. 역이나 기차에서 산 음식과
맥주로 2배나 즐거운 작은 연회를 즐겨 보자.

프리미엄 시트에는 전동 리클라이닝
안락의자가 있다. 허리 부분의 에어쿠션을
'리듬' 모드로 하면 마치 안마의자처럼
느껴진다.

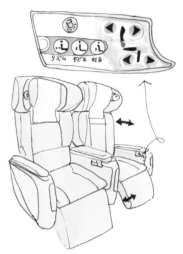

창문이 커서
전망이 좋아요!!

맨 앞과 맨 뒤칸을 볼 수 있다.

웃는 얼굴이
귀여운
안내인들

하이힐로
사뿐사뿐

종점인 가시코지마역에 내린
안내원들도 즐거워 보인다.

자연스럽게 연결되지만 교통편은 그리 좋지 않다.
그렇지만 느긋하게 전철에 흔들리는 여행도
할 만하다. 몸의 일부는 바다를 느끼고, 또 절반은
쿠마노의 산을 느끼면서, 기이반도를 달린다. 명물인
참치나 다금바리 요리에 입맛을 다시면서, 맨 끝에
있는 작은 미술관에는 고양이 전철, 아주 짧은 노선의
철도로 기이반도를 한 바퀴 돌아오는 코스다.

돌아올 때는
보통 전차로!

2012년 구내 쇼핑몰이 생겼다. 모처럼 산지에 왔으니까, 미키모토에서 이세시마 한정의 작은 진주 귀고리를 구입했다.

킨테츠 우지야마다역

곳곳에 정교한 장식이 보이는 민영철도에서는 최고 클래스의 역사. 현관에 어울리는 호화 장식은 국철 이세시역을 의식한 것이다. 3층짜리 고가역으로, 2층에는 왕족과 총리대신이 사용하는 귀빈실도 갖추고 있다. 이전에 사용하던 버스 턴테이블이 홈에 있다.

크림색 외벽 등 디테일도 볼거리. 테라코타를 사용한 우아한 스페인 풍의 건축.

이세 신궁

이곳을 처음 찾은 것은 2000년대 초. 겨울 가랑비가 내리는 날이라 안개가 자욱한 경내와 그 깊숙한 곳에 보이는 신전이 환상적이고 신성하게 비쳤다. 내궁의 상징으로 방문객을 맞이하는 우지바시의 토리이는 높이 7.4미터×폭 5.4미터의 편백나무 구조다. 20년에 한 번 성전을 새로 지은 뒤 하는 의례로 2014년에 교체됐다.

크다!
까맣다!

이세 우동

가장 마음에 남은 것이, 오카게 골목에서 먹은 이세 우동이다. 진한 간장 베이스 양념에 면발이 굵고, 길고, 찰기가 전혀 없다. 예비지식이 없었기 때문에 깜짝 놀랐지만, 이세를 세 번째 방문했을 때에 겨우 맛있다고 생각되는 우동을 만날 수 있었다. 쫄깃쫄깃해서 간식처럼 먹을 수 있다.

http://www.isejingu.or.jp

오카게 요코초

관광객으로 북새통을 이룬다.
예전부터 있었나 생각했는데,
1993년에 이세 씨의 '오카게
(덕분이라는 뜻)'라는 감사의 마음을
담아 개업했다고 한다. 이세 신궁
내궁 몬젠초 '오하라이초'의
중간에 있다.

http://www.okageyokocho.co.jp

이치게쯔야

물두부가 맛있는 선술집.
주문하자마자 나오는 두부는
따뜻하고, 부드럽다. 양념장이나
양념 상태가 절묘하게 균형을
이룬다. 아코야 조개 관자를
초된장으로 먹고 계란찜, 굴튀김
등도 술맛을 자극한다. 오후 2시면
문을 여는데 빨라서 기쁘다.

伊勢市曽祢2-4-4
☎ 0596-24-3446

마요시 료칸

200년이 넘는 역사가 있는 전통 있는
료칸. 주인집 장남에 의하면, 원래는
요릿집이었지만, 나중에 유곽 기능을 겸하게
된 것 같다고 한다. 여러 차례 증축을 해서
다섯 개의 동이 경사진 땅에 이어진 것처럼
지어졌고, 6층에 달하는 '현애건축양식'.
건물 내부는 서로 연결되어 있다.

큰방 난간에는 부채가 장식되어 있다.
이곳에서 게이샤들의 연회가 벌어졌던
것으로 추정된다.

伊勢市中之町109-3
☎ 0596-22-4101

술과 고기가 맛있는 여행

공장 야경의 명소로도 알려진 욧카이치시는, 킨미야 소주의 고향이다. 한편 마츠자카라고 하면 뭐니뭐니해도 마츠자카 규(쇠고기). 옛날 창고 견학에서 마츠자카 쇠고기 곱창을 즐길 수 있는 가게까지, 먹는 즐거움이 가득하다!

미에현으로 가는 방법은 이세 시마·오사카·나고야로부터 오는 킨테츠 특급이 빠르고 편리하다.

등록 유형문화재로 지정된 양옥집 사무실 등 건물도 볼 만하다.

킨미야 소주

도쿄에서는 동쪽 지역의 대중 술집을 중심으로 사랑받고 있는 소주 '가메 킷코우미야 코궁'(통칭 킨미야). 옛날에는 욧카이치항에서 도쿄까지 배로 운반했기 때문에, 수운이 발달하고 있던 변두리 지역에 뿌리내렸다. 관동대지진 때는 식량과 물자를 자가용 배에 싣고 구조하러 갔다는 일화도 남아 있다.

미야자키 본점 공장 견학

킨미야의 제조원은 1846년에 창업한 미야자키 본
일본술 '미야노유키'를 양조하는 공장을 견학했
술 냄새가 물씬 풍기는 곳에서 하는 공부는 즐겁
특히 인상에 남은 것은 제조에 쓰는 물. 바로 근처
흐르는 스즈카강의 하천 바닥을 흐르는 지하수는
확실히 알 수 있을 만큼 부드러운 연수軟水다.

四日市市楠町南五味塚972
☎ 059-397-3111
https://www.miyanoyuki.co.jp

매년 둘째 주 토요일에 일본술의 역사와 양조법, 시음, 마시는 법을 배우는 '일본주대학'이라는 제목의 특별한 양조장 견학이 행해진다. 강사는 미야자키 유지 사장이나 술 만드는 기술자가 맡는다.

'킨미야'와 '미야노유키'를
마실 수 있는 가게
친근함이 넘치는 욧카이치에서는
'킨미야'가 아닌, 공장 견학에서도
등장한 일본주 '미야노유키'가 밤거리에
넘쳐난다. 현지의 대중 술집에서
'미야노유키'를 마셔 보자.

'우마안'
현지인들이 시끌벅적한
소박한 대중 술집

四日市市西新地6-6
☎ 059-351-4762

'도쿠샤'
사치스러운 불고기를 먹으면서

四日市市諏訪栄町10-11
☎ 0593-52-5074

대중주점 '에비스'
뭐든지 맛있는 맛집!

四日市市諏訪栄町8-11
☎ 059-324-5881

킨조야
마쓰자카 쇠고기 곱창을
중심으로 한 야키니쿠 가게.
여주인이 추천하는 미소시루
양념으로 먹어 봤다. 곱창 기름과
미소시루로 연기가 모락모락 난다.
소의 양은 관자처럼 아삭아삭한
식감, 모둠 곱창도 최고.
마무리는 곱창 국물로 결정!

松阪市京町1区19-17
☎ 0598-51-3339

식년천궁 버전 등
특별 포장지도 다수

마쓰자카역 '원조 특선 쇠고기 도시락'
마지막으로 도시락도 잊지 말고 챙기면 좋다. 1959년,
기세이혼센의 완전 개통을 기념해 '아라타케'가 발매한
'원조 특선 쇠고기 도시락'은 식어도 부드럽고, 약간 간을
덜해서, 고기 맛을 확실히 느낄 수 있다. '마쓰자카규'의 판정
기준이 엄격해져 '구로게와규'라고 명칭을 변경했지만,
변함없이 마쓰자카 시내의 정육점에서 쭉 구입한다.

마스자카역
앞에 있는
작은 소

99

바닷가를 달리다

바닷가를 달리는 열차를 타고 기이반도를
빙 돌아봤다. 예상보다 멀고 긴 여행이었지만
많은 만남이 있었다. 기이반도를 갈 생각이라면
미리 계획을 세우고 가는 것이 좋다!

나레즈시

소금에 절인 꽁치나 은어를
소금에 절여 질게 지은 밥에 얹어
발효시킨 보존식 및 설날용
향토 음식이다. 이 근처 지역에서는
고사리를 사이사이에 끼고
담근다고 한다. 발효 식품의
깊은 맛과 향이 마음에 들었다.
양식 은어 '구마노아유'로 구입.

新宮市大橋通4-2-8
☎ 0735-23-0298

오센베이 스즈야키 판매처 '코우바이도우'

설날 선물용으로 현지 주민이
잇달아 가게에 들어가는 것을
보고 줄을 서자 앞 사람이
"스즈야키예요." 하고 가르쳐
주었다. 멈출 수 없는 맛으로,
'하나 더 살걸.' 하고 후회했을
정도로 맛있다.

新宮市大橋通3-3-4
☎ 0735-22-3132
http://www.suzuyaki.jp

특급 쿠로시오

교토역·신오사카역–
와카야마역·시라하마역·신구역을
연결하는 특급 '쿠로시오' 열차.
파노라마형의 녹색 차량을 타고, 신구역에서
와카야마역까지 약 3시간 걸린다. 차창으로
멋진 풍경을 감상하는 여행을 즐기자.

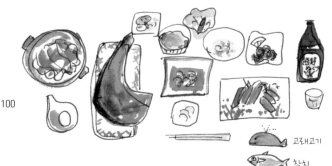

고래고기

참치

민박집 '와카타케'

기이카츠우라에서 묵은 곳은,
역 바로 앞에 있는 민박집
'와카타케'. 가쓰우라산 참치 무침
요리는 거대한 가마구이에
내장 젓갈, 위장 조림 등 별미 중의
별미다. 토종술도 갖추고 있다.

東牟婁郡那智勝浦町朝日3-34
☎ 0735-52-0155

고래박물관
일본의 고래잡이 발상지로서
세계에서도 보기 드문 고래 전문
박물관. 포구에서는 고래쇼가,
풀장에서는 돌고래쇼가
열리고 있다.

점프
점프

기이타와라역 - 코자역
사이의 차창으로 보이는
해안가 풍경.

東牟婁郡太地町
☎ 0735-59-2400
http://www.kujirakan.jp

구시모토 오쿄 로세츠 관
혼슈의 최남단에 있는 일본에서
가장 작은 미술관. 마루야마
오쿄, 나가사와 로세츠의
작품을 중심으로 회화 96점을
전시하고 있다. 로세츠의
〈용도호도오〉는 대담하고
섬세하다.

東牟婁郡串本町串本833
☎ 0735-62-6670
http://www.muryoji.jp/

천연 다금바리 요리 '풍차'
자연산 다금바리 요리 전문점.
생선회에 가라아게, 소금구이, 탕,
간 조림, 위 버터볶음, 나베요리와 풀코스
요리를 즐길 수 있다. 식후에는 별채의
민박에 숙박도 가능. 멋진 온천도 있다.

東牟婁郡串本町 串本42-17
☎ 0735-62-0344

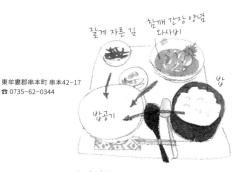
잘게 자른 김
참깨 간장 양념
와사비
밥
밥공기

다금바리 회!

西牟婁郡白浜町2319-6
☎ 0739-42-4498
http://www5e.biglobe.ne.jp/ ~ fusya /

요리 만코
미술관에 가는 도중에, 뭔가 좋은 느낌이
나는 낡은 가게를 발견하고 들어가 보았다.
명물이라고 하는 '가쓰오차즈케'는,
참깨 간장 양념에 절인 회를 찍어 덮밥이나
오차즈케로 해서 즐길 수 있다.

기슈 철도

고보역에서 니시고보역까지, 2.7킬로미터인 일본에서
가장 짧은 민영철도. 가쿠몬숀–기이고보역 사이는
0.3킬로미터. 다섯 개의 역 가운데 '고보'라고 붙는
역이 세 개나 된다. 종점 니시고보역의 역사 뒤쪽은
민가로 이어진다. 니시고보역의 끝에는 폐선된
히다카가와역까지 남아 있는 구간도 있다.

돌아오는 전철을 기다리는 동안에
와카야마 라멘으로 배를 채운다.

노송나무 껍질 지붕이 고양이 얼굴로
되어 있는 기시역. 타마 역장을 대신해,
현재 니타마 역장이 취임했다.

열차 내부도 고양이 일색.
'타마문고'라는 책장도
설치되어 있다.

와카야마전철 기시가와선

JR와카야마역의 9번 홈에, 고양이 모양의
전철이 서 있어서 무심코 탑승했다.
그것이 유명한 '타마전차'다. 캡슐토이가
있는 '장난감전차'나, 소녀 같은 '딸기전차' 등
독특한 아이디어로 역이 다시 살아나고 있다.

고양이 무늬

와카야마역과 와카야마시역

와카야마 시내에는, 동쪽에 JR서일본의
와카야마역, 서쪽에 난카이 전기철도의
와카야마시역, 또한 그것을 잇는
JR기세이혼센이 와카야마시역에 노선을
연장해 플랫폼의 한구석을 사용하고 있다.

와카야마 스이료켄

에키벤 '메하리 스시'

소금에 절인 갓 잎으로 가마니 모양의 밥을 싼
간단한 주먹밥이다. 와카야마역에서 판매한다.
기슈·쿠마노 지방에서, 산일이나 농사일을 할 때
휴대한 음식으로서 옛부터 익숙해져, 일반 가정에서도
만들어 먹는다. '눈이 휘둥그레질 만큼' 입을 크게
벌리고 먹는 것에서 유래했다고 한다.

가는 방법

도쿄역 ↔ 우지야마다역   JR신칸센과 킨테츠 특급으로 약 3시간 20분
오사카역 ↔ 우지야마다역   JR선과 킨테츠 특급, 킨테츠선으로 약 2시간 11분
우지야마다역 ↔ 욧카이치역   킨테츠선과 JR 선으로 약 1시간 10분
우지야마다역 ↔ 마쓰사카역   킨테츠 특급으로 약 15분
우지야마다역 ↔ 와카야마역   킨테츠 특급과 JR선으로 약 3시간 30분
신구역 ↔ 와카야마역   JR 특급 '쿠로시오'로 약 3시간

시장, 복고풍 건축 지구 철도 탐방

KOKURA, MOJIKOU, SHIMONOSEKI

고쿠라 · 모지항 · 시모노세키
/ 후쿠오카현 · 야마구치현

탄가 시장

고급 요정에서 일반 가정까지 한꺼번에 담당하는 기타큐슈의 부엌. 일단 안으로 들어서면 전쟁 후처럼 북적거리는 가게들. 노후된 건물은 증개축을 거듭하여 땜질 함석지붕이 복잡한 경관을 만들어 낸다. 거기에 좋은 물건과 활기가 더해져, 실로 매력적이다. 밤이 다가오면 드문드문 오뎅 포장마차 야타이가 생겨나기 시작한다.

바다를 끼고 있는 거리를 걷다

언젠가 한번은 타 보고 싶은 초호화 열차 '나나츠보시'를 비롯해 규슈에는 매력적인 기차가 가득하다. 개성적인 외모에 독특한 장치, 장난기가 넘친다. 화물열차를 바라보는 재미도 쏠쏠하다. 고쿠라와 모지 등의 후쿠오카현 기타큐슈시와 인접한 야마구치현 시모노세키시를 중심으로 한 관문도시권. 공업의 번영을 느끼며 걷는 항구도시의 거리는 규슈의 현관문답게 복고풍 건물이 어울린다.
탄가 시장에서 현지 분위기를 느낄 만하고, 명물 복어 경매가 열리는 가라토 시장에서 해산물을 맛보는 것도 좋다!

시장 안을 흐르는 하천 간타케가와에는
동남아시아의 수상 시장처럼 건물기둥이
물에 잠겨 있다. 여기서부터 뱃짐을 부려서
차츰 시장이 되었다고 한다

北九州市小倉北区魚町4-2-18
http://tangaichiba.jp/

특급 '키라메키'

모지코우역 및 고쿠라역-하카타역 사이를
JR가고시마 본선을 경유해 운행하는 특급 열차.
787계의 디자인은, 공업 디자이너인 미토오카
에이지가 인솔하는 '던 디자인 연구소'.
금속 질감의 차분한 짙은 회색의
내장 및 외장에는
고급스러움과 함께
근 미래감이 느껴진다.

기타큐슈 모노레일

고쿠라역 빌딩으로 노선을 연장하여
JR선과 연결하고 있는 기타큐슈
고속철도 고쿠라센. 고쿠라역에서
탄가 시장까지는 걸을 수 있는
거리이지만, 모노레일을 타 보았다.
단 두 정거장, 단 2분, 단 100엔에 도착!

고쿠라역

고쿠라는 기타큐슈시에서 으뜸가는 번화가.
우오마치 긴텐가이나 쿄마치 긴텐가이 등,
큰 상가도 있다. 역 앞에는 다치노미(서서 마시는
곳)나 가쿠치(그 가게에서 산 술을 마실 수 있는
술집)가 있고, 꽤 난잡한 환락가도 있다. 고쿠라역
명물 중 하나인 7, 8번 홈에 있는 서서 먹는
가시와 우동도 추천한다.

120년의 역사를 자랑하는
모지항

메이지 초기에 개항한 이래, 규슈의
현관으로서 번창해 온 모지항. 메이지·다이쇼
시대의 건물을 살린 관광을 즐길 수 있다.
뮤지엄과 미술관 등을 둘러보며 항구도시의
역사를 느껴 보는 것은 어떨까?

모지미나토역
역사로는 최초로 중요 문화재로 지정되었다.
1914년에 지은 네오 르네상스 양식.
규슈의 현관에 어울리는 번듯한 건물이다.
화장실이나 손 씻는 대야 등 세부까지
복고풍의 디자인. 대규모 보존수리 공사
중에도 열차는 정상 운행되고 있다.

기차역의 플랫폼도 향수를
불러일으키는 복고풍 모습.
규슈 철도의 기점이 된 곳이다.

니시키초 부근의 옛 유곽 거리.
여성의 형상을 도려낸 듯한
건물이 눈에 띈다.

시내의 건물

낡은 건물을 찾아 역 주변을 산책해 보았다.
맵시 있게 생긴 평민식당은 '당분간 임시
휴업합니다'라고 적혀 있었지만, 아무래도
문을 닫은 것 같다. 이름 없는 서민적인
건물에서도 고급스러움을 느낀다.

레트로 건축,
떳쳐~

칸몬 터널

시모노세키시와 기타큐슈시를
잇는 해저 터널(국도 2호).
걸어서 건널 수도 있다.

터널 입구도
역시 복어!

JR산요혼센

고쿠라와 시모노세키는 바다를 사이에
두고 있다고는 해도 엎어지면 코 닿을
만큼 가깝다. 산요혼센은
모지역·시모노세키역에서 히로시마
방면을 연결한다. 시모노세키역을
경계로 모지 쪽이 JR 규슈이고,
하타부역 쪽이 JR서일본이 되는 경계역.
역 자체는 JR서일본. 단 하나의 역이지만
열차의 운전계통도 나뉘어져 있다.

하수도 맨홀에도
복어 그림이!

청색의 규슈색

혼슈 최서단의 도시 시모노세키

시모노세키라고 하면 뭐니뭐니해도 복어를
빼놓을 수 없다. 현지에서는 '후쿠'라고 부른다.
복어를 먹는다면 겨울 주말이나 공휴일을
추천한다!

구 아키타상회 빌딩

1915년에 지은 일본식과
서양식을 절충한 건물로,
현재는 시모노세키 관광정보
센터로 사용되고 있다. 견학은
불가능하지만 옥상에는 일본
정원과 일본 가옥이 있는데
일본만 아니라 세계적으로도
빠른 시기에 조성된
옥상정원이라고 한다.

下関市南部町23-11

시모노세키 난부초우체국

1900년에 건축된 일본에서 가장
오래된 현역 우체국 사옥으로,
시모노세키에 남아 있는 가장 오래된
서양식 건축이다. 고전주의에서
탈피하기 위해 장식을 단순화한
디자인. 자료 전시 코너와 카페,
갤러리, 안마당이 있다. 구 아키타상회
빌딩과 나란히 있는 모습은 국제도시
시모노세키를 상징한다.

下関市南部町22-8

칸몬교

깨끗한 현수교는 동양에서 손꼽히는 규모.
칸몬해협을 통과하는 대형 선박을 위해
해수면에서 다리의 횡목까지의 높이는
만조 시에 61미터. 밤에는 조명을 밝혀 둔다.

가라토 시장에 있는
복어 오브제.

어서오세요

가라토 시장

업소용 도매와 일반용 소매 기능이
공존하는 이색적인 형태로 주말에는
음식행사인 '활기찬 바칸가이馬関街'가
열린다. 다른 시장에 유례가 없는
'후쿠로제리'라는 복어 경매 방법이
특징이다. 어획량이 일본 제일을 자랑하는
만큼 복어 초밥은 자연산, 자주복, 껍질,
이리, 복어 오뎅 등 다양하다.

'활기찬 바칸가이'에서는
좋아하는 것을 스스로 접시에
담을 수 있는 것이 즐겁다.

下関市唐戸町5-50
www.karatoichiba.co

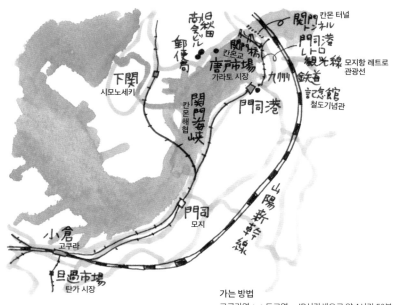

가는 방법
고쿠라역 ↔ 도쿄역　　JR신칸센으로 약 4시간 50분
고쿠라역 ↔ 모지미나토역　JR선으로 약 13분
고쿠라역 ↔ 시모노세키역　JR선으로 약 15분

아키타현
종단 여행

AKITA, OODATE, KAKUNODATE, YOKOTE

아키타 · 오다테 · 가쿠노다테 · 요코테 / 아키타현

바다와 산에서
사계절의 자연을 느끼다

아키타 철도의 매력은 사계절 경치의
변화에 완급이 있는 것. 벚꽃과 유채꽃이
일제히 피는 봄, 산과 논의 녹음이 바람에
흔들리는 여름, 나무들이 노랑과 빨강으로
여러 가지 색채를 거듭하는 가을, 폭설과
해풍이 자연의 엄함을 보이는 겨울.
어느 계절에 여행하느냐에 따라
인상이 달라진다. 인기있는 고노센에서는
창밖의 바다에 외경심을 품고, 좀 열광적인
아키타를 세로로 관통하는 내륙 철도에서는
산촌의 소박한 삶을 알 수 있다. 신칸센의
차창에서도 풍부한 자연에 매료된다.

'리조트 시라카미'의 '쿠마게라'의
차량을 본뜬, 히가시노시로역
플랫폼의 대합실.

JR고노센

아키타현 히가시노시로역과 아오모리현 가와베역을
잇는 43개역, 147. 2킬로미터의 노선. 아키타현 내에서는
이와다테역에서 히가시아쓰모리역 구간을 해안선을 따라
달린다. 그중에서도 파도가 밀려오는 곳의 풍경이
장관이다. 몇 번 타 봤지만 바다에 워낙 가까워서
파도가 심한 날이나 악천후인 날에는
좀 무섭다. 날씨가 좋으면 창문을 열고
바람을 느끼는 것도 좋다.

노시로역

이 역에 내리면 "그리고 보니 중고교 시절
농구부였지."라는 좀처럼 생각나지 않는 기억이
되살아난다. 당시에도 노시로는 농구로 유명했다.
그런 만큼 플랫폼에도 농구 골대가 있다.
'리조트 시라카미'의 정차 중에 농구 골대가!
나이 드신 분도 추억에 잠긴다.

리조트 시라카미

고노선을 포함한 아키타역 – 히로사키역,
아오모리역 사이를 달리는 전석 지정의
쾌속열차. 지정석 승차권만 필요하며,
느긋하게 리조트 기분으로 탈 수 있다.
창문이 매우 크고 밝아서, 전망이 좋다.
칸막이석과 전망실도 있다

111

아키타 신칸센

1997년 개업. 토호쿠 신칸센 직통으로 바로 옆에 전원 풍경이 보이고
자동차나 사람이 가깝게 느껴진다. 건널목이 있는데 빠르다! 2013년에
'슈퍼 코마치'가 등장하고, 다음 해에는 E3계의 정기 운행을 종료해,
모두 E6계로 옮겨져 명칭도 '코마치'로 통일되었다. 도호쿠 신칸센이나
날씨의 영향으로 종종 늦어지지만, 그것 또한 애교로 봐 줄 만하다.

페리

니가타와 도마코마이 동항을 연결하는
중계지로서 페리가 발착. 심야에 니가타항을
출발해 나와 아키타항까지 약 6시간이 걸린다.
아침 해가 뜨면 망망대해가 펼쳐진다. 전망 좋은
목욕탕도 마련되어 있어 팔과 다리를 쭉 뻗고
휴식을 취할 수 있다. 페리 터미널은 아키타항
나카지마 부두. 가장 가까운 도자키역까지 택시로
약 10분, 아키타역까지 버스로 약 30분 거리.

아주 넓은 조망이 가능한
욕탕과 사우나 외에도 7~8월 중
자쿠지(뜨거운 욕조)도 이용 가능하다.

112

http://www.snf.jp

나다이 와카도리

아키타역 주변을 산책하다가 발견한 것이
'나다이 와카토리'. 1950년에 창업한 현지
손님들로 붐비는 닭꼬치집이다. 쇼와 레트로 풍
가게 구조에 끌렸지만, 영업시간이 지나서
안에 들어갈 수 없어서 들어가 보지 못했다.

秋田市南通亀の町1-7
☎ 018-836-5589

다음번엔
여기서
마시자구!

↑
충견 하치코의 뒤에는
아키타개의 동상이 있다

오다테역

JR오우혼센과 하나와센이 다니는
오다테역의 플랫폼에는 "어서 오세요.
기리탄포와 충견 하치코의 고향으로"라는
환영의 말이 적혀 있다. 충견 하치코라고
하면 시부야 역전의 이미지가 강했지만,
실은 이곳이 출신지인 것 같다.

에키벤 '도리메시'

본거지인 오다테역에서도 평일은 5개, 토요일과
일요일에 10~50개 정도로 적게 팔지만, 관광지로
배달되어 최다 3,000개를 팔았다고 하는 인기
에키벤. 전후 물자가 부족하던 시절에 배급된
식재료를 긁어모아 지은 밥과 1940년 경에
판매하던 기리탄포 에키벤 팔다 남은 것을 종업원
식사용으로 만든 닭고기 맛을 떠올려 상품화했다.
맛, 비주얼, 가격 모두 뛰어난 도시락.

花善 / 大館市御成町1-10-2
☎ 0186-43-0870
http://www.hanazen.co.jp

113

역 대합실에서 열면
아직 살짝 따뜻하다.
아침 일찍 온 보람이 있다!

아니아이역

몇 분간 정차하거나 환승하므로 구내를
재빨리 둘러봐야 한다. 차고 및 검수 시설이
갖추어져 있고, 이 노선의 모든 차량이
정차해 있어 다양한 차량도
구경할 수 있다. 관광안내소와
특산품 판매점도 있다.

차량 안에서 판매되는
100% 완숙 사과즙 '링곳코 주스'.
마타기 마을의 농가에서 생산한,
질 좋은 사과를 엄선해서 만든다.

마타기 마을에서 내려
아키타의 한복판을 종단하다

산으로 둘러싸인 경치를 가르며 기차로
마냥 달리다 보면, 극히 자연스럽게 마타기가
곰을 쫓아 사냥을 하는 것이 느껴진다.

차량길이 18.5미터의 디젤 차는
제3섹터 철도에서는 최대급.
산속에서도 안정감이 있는 주행이
마음에 든다.

아키타 내륙 종단 철도

다카노스역과 가쿠노다테역을 잇고
아키타현의 한복판을 남북으로
세로로 달린다. 아니 광산에서
산출되는 광석 수송을 목적으로
만들어진 국철선으로 제3섹터 전환
후 1989년에 전면 개통했다. 현 내를
횡단하는 오우본선이나 신칸센보다
깊은 산속의 풍경이 펼쳐진다.

논 아트

품종이 다른 벼로 환영의 메시지와 그림을 그린
논 아트는 지역 주민들의 손으로 만든, 마음을
흐뭇하게 하는 풍경이다. 차창을 통해 환대의
마음이 매우 아름답게 보인다. 절정은 7~9월.
가이드가 있는 감상 열차는 9월 말까지 운행된다.
내륙선 선로를 따라서 있는 땅 네 군데에서 볼 수
있으며, 도안은 해마다 달라진다.

아니마에다 온천역 '쿠윈스 모리요시'

당일치기로 다녀올 수 있는 역에 딸린 온천 시설.
산속인데도 짜고 갈색인 물빛이 독특하다. 온천이
딸린 역사는 아키타현에서 최초로, 동북쪽 역
100선에도 선정되었다. 열차의 수가 적으므로,
운행시간은 주의 깊게 살필 것.

北秋田市小又字堂ノ下21-2
http://maedanoyu.web.fc2.com

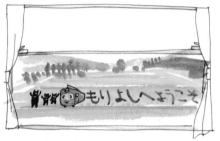

北秋田市阿仁打当字仙北渡道上ミ67 기타아키타시
☎ 0186-84-2612
http://www.mataginosato.com

아니쿠마 목장

반달가슴곰과 큰곰의 동물원. 암컷 곰,
수컷 곰, 작은 곰 등 5구획으로 나누어져
있다. 장난치는 건지 싸우는 건지 알 수 없고,
울타리가 있어도 힘차게 움직이고 있다.
아니마타기역, 마타기탕에서 픽업 가능.

秋田市阿仁打当字陣場1-39
☎ 0186-84-2626
http://mataginosato.web.fc2.com/

웃토 온천 마타기노유

아니마타기역에서 내리면 곰 박제가
반긴다. 방에는 벽난로 가장자리에
진짜 곰 털가죽이 깔려 있었다.
점심은 토끼탕, 곤들매기로 지은 일본식
영양밥, 곤들매기알 간장절임 등
시골의 정취가 넘친다. 일본식 막걸리
'마타기의 꿈'은 특별한 맛이다!

조각된 곰의 입에서
뜨거운 물이 나온다.

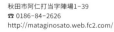

115

가쿠다테 · 요코테 주변의 추천 명소

가쿠다테는 성시로 번창해 '미치노쿠의
작은 교토'라고도 불린다. 한편 옆에서는,
현지 맛집으로 오래된 건물과
양조장 견학을 추천한다!

大仙市長野字二日町9
☎ 0187-56-2121
http://www.hideyoshi.co.jp

'이호 상점(통칭 이오야)'은 1924년에 지어진
석조 창고와 같은 건물. 관혼상제부터
일상용품까지 다양한 상품이 구비되어 있다.

仙北市角館町西勝楽町73

요코테 야키소바

굵고 곧은 각면에, 재료는 주로 양배추와
다진 돼지고기. 그 위에 반숙 계란프라이를
올리고 후쿠진즈케를 곁들인 B급 맛집.
우스터 소스에 가게마다 오리지널 소스를
더한다고 한다. 거리 곳곳에서 먹을 수 있다.

스즈키 주조

아키타에서 가장 오래된 창고 중 하나가 1689년에
창업한 스즈키 주조다. 300년 이상의 역사를 이어온
곳간에서, 상표 '히데요시'는 아키타 사타케 번의
지시로 만들어진 뛰어난 물품. 지난 2월에 방문한
'히데요시 양조장 개방'은 새로운 술과 춤, 노래가
함께한 마음이 훈훈해지는 행사였다.

식도락 요코테 역전 지
横手市駅前町7-2
石川ビル1F
☎ 0182-33-1906

116

옛 히라겐 로칸

1873년에 창업한 오래된 여관. 1926년에 건축된
본관과 곳간은 국가 등록 유형문화재이다.
도카타 시게노리, 우치다 모모, 이누카이 타케시,
미소라 히바리 등 수많은 저명인사와 황족의
연고가 있는 숙소로, 격식 높은 건물이었지만
2008년에 폐관했다. 그 후 2012년에 웨딩 공간
'게스트하우스 히라겐'으로 재탄생했다.

땀이 뻘뻘

기분 좋아!

호텔 플라자 아넥스 요코테

이른바 비즈니스 호텔인가 했더니,
맨 위층에는 천연 온천이나 다마가와 온천을
재현한 암반욕, 자쿠지 등, 여자들이 좋아할
만한 시설이 가득하다. 다마가와 온천이라고
하면 암에 효과가 있다고 해서 유명하고,
수질은 최상급이다.

橫手市駅前町7-7
☎ 0182-32-7777
http://www.yokote.co.jp/annex/

橫手市大町6-24
☎ 0182-33-1100
http://hiragen.iyataka.co.jp/

가는 방법

도쿄역 ↔ 아키타역　　JR신칸센으로 약 4시간
아키타역 ↔ 오다테역　　JR선으로 약 1시간 50분
다카스역 ↔ 가쿠다테역　아키타 내륙 종단 철도로
　　　약 2시간 30분
가쿠다테역 ↔ 요코테역　JR선으로 약 1시간 30분
이와다테역 ↔ 히가시노시로역　JR선으로 약 46분
다카스 ↔ 아니마타기역　아키타 내륙 종단 철도로
　　　약 1시간 40분

117

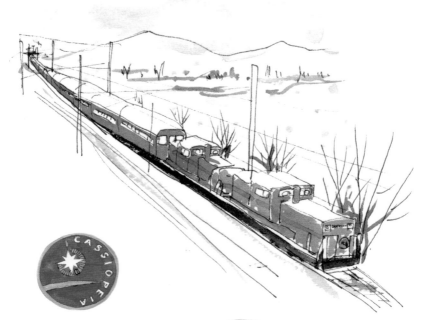

침대 특급 '카시오페아'
선배격인 '호쿠토세이'보다 쾌적하고
호화로운 '트와일라잇 익스프레스'처럼
JR 최초로 2층 건물의 전 객실이
A개인실인 침대열차로, 1999년에
운행을 개시했다. 외관도 스마트한
디자인이 눈에 띄고 웰컴 드링크나
저녁식사도 꽤 훌륭하다.

침대 특급 '호쿠토세이'
2015년 8월 많은 팬들의 아쉬움 속에
운행이 종료된 '호쿠토세이'. 1988년
세이칸 터널 개통과 함께 탄생한 이래
삿포로와 우에노를 잇는 약 17시간의
여행을 계속해 왔다. 창문으로 본
설경은 지금도 잊을 수 없다.

북쪽 겨울 왕국은
철도 왕국

SAPPORO, OTARU, IWAMIZAWA

삿포로 · 오타루 · 이와미자와 / 홋카이도

여행을 한다면 침대열차나 페리로!

만일 시간이 된다면, 굳이 기차나 배로 하룻밤을
느긋하게 여행하고 싶다. 단순한 교통수단뿐
아니라 타는 것 자체가 즐거움이고 잊혀져 가던
여정을 떠올리게 한다. 열차 안에서 밤을 보내고
창문으로 아침 해가 보였을 때, 긴 시간은
무엇과도 바꿀 수 없는 묘한 기분이 든다.
그렇게 밤새 달려 도착한 삿포로역에서는
신구 차량이 여행자를 맞이하며 북쪽의 대지로
이동한다. 대자연과 함께, 철도의 역사나
무역 · 산업의 번창함도 만나고 싶다.

급행 하마나스

삿포로역에서 아오모리역 사이를 잇는,
도쿄 이북에서 운행하는 유일한 정기 야간
열차. 특급보다 가격이 싼 급행권으로
탈 수 있다. 좌석은 자유석 외에 145도까지
젖힐 수 있는 지정석과 카펫카, 이층 침대인
B침대 등이 있다.

해당화 B 침실칸의
JR문양이 있는 유카타

삿포로 시영전차

오오도리나 스스키노의 번화가를 달리는
노면 전차. 사사라 전차는 차체 앞뒤에
솔 모양의 대나무 사사라를 설치한
제설차로 회전하면서 선로 위에 쌓인 눈을,
눈보라를 흩날리며 쓸어낸다. 기본적인
구조는 개발했을 때부터 90년 이상
변하지 않았다.

사라지기 전에 타 보고 싶은
명물 열차

홋카이도 신칸센의 개업을 눈앞에 두고
하나씩 하나씩 자취를 감추어 가는 침대 특급.
야간열차나 페리로 쓰가루해협을 건너
느긋하게 여행을 즐기고 싶다면, 꼭 타 보자!

홋카이도 한정 맥주
'삿포로 클래식'을 마시면서
느긋하게 즐긴다.

페리 '선플라워'

이바라키현 오아라이항을 떠나 도마코마이로
향하는 배. 저녁편과 심야편이 있는데, 저녁편은
여행자용이다. 다양한 타입의 객실이 있다.
대욕탕에서 땀을 흘리고 뷔페에서 저녁식사를
한다. 홋카이도 한정 맥주를 꿀꺽꿀꺽 마시면서
느긋하게 즐겨 보자. 다음날 오후에는
도마코마이항에 도착한다.

119

http://www.sunflower.co.jp/ferry/

홋카이도대학
교내 풍경은 마치 외국의 공원 같은 멋진 모습이다.
후루카와 기념 강당, 구 삿포로농학교 곤충 및
양잠학 교실, 구 삿포로농학교 도서관 독서실,
홋카이도대학 농학부 제2농장 등, 역사적인 건물을
많이 볼 수 있다. 생협 내에 있는 '컵빵'인 쌀가루빵
또한 그 맛이 일품이다!

札幌市北区北8条西5丁目
http://www.hokudai.ac.jp/

붉은 별 마크의 건물
삿포로 시내에서 흔히 볼 수 있는 고료세이는
북극성을 모티브로 한 개척사의 상징. 개척사의
기장으로 붉은 별이 디자인된 것은 1872년이고
얼마 안 있어 개척사가 세운 건축물이나 직영공장
제품에 붉은 별 마크가 붙기 시작했다.

롯카테이 삿포로 본점
'마루세이 버터샌드'나 초콜릿 과자로 알려진
유명한 가게. 5층의 '갤러리 카시와'에서는,
사카모토나오유키의 스케치북 전시회가 열렸다.
사랑스러운 꽃 포장지 원화와 조형물도 볼 수
있다. 도내에는 '시집을 간다면 롯카테이'라는
말도 있다고 하니 볼수록 기분 좋은 가게였다.

札幌市中央区北4条西6-3-3
☎ 0120-12-6666
http://www.rokkatei.co.jp/

향수를 불러일으키는 분위기의 삿포로 맥주
박물관을 비롯해 홋카이도 도청 구 본청사와
구 삿포로농학교 삿포로 시계탑 등 붉은색
별표를 찾는 것도 즐겁다.

홋카이도산 밀이나 쌀가루를
사용한 빵집도 많아, 쫄깃함을
좋아하면 지나칠 수 없다.

쫄깃한 밀빵

쌀빵

샤브샤브에
들어가는
흔한 채소

함박조개

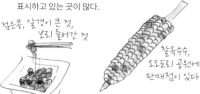
가리비

홋카이도산 양고기를 고집하는,
스스키노에 있는 샤브샤브집
'이다다끼마스'를 추천.

샤브샤브

스시는 역 건물이나 회전 초밥에서도
매우 만족스럽다. 현지의 인기는
회전 초밥 '트리톤'.

자연파!!

작은 사이즈 2개 200엔!

비슷킷이 얇아서
아이스크림과
딱 좋아

'롯카테이 삿포로 본점'의
마루세이 아이스샌드

홋카이도산 식재료

채소와 생선, 고기, 밀, 와인, 과자…….
홋카이도에는 의식이 높은 생산자나 요리사가
많아, 식재료 그 자체의 맛을 중요시한다.
음식점의 레벨도 매우 높고, 지역생산
지역소비는 당연한 일이다. 일부러 내세우지
않아도 대부분의 가게에서 홋카이도산
식재료를 먹을 수 있다.

낫또는 홋카이도산이며
유전자 조작이 아님을
표시하고 있는 곳이 많다.

검은콩, 알개이 큰 것,
보리 들어간 것

찰옥수수,
오오도리 공원에
판매점이 있다

치즈와 요구르트
등의 유제품은
종류가 많고 맛도
뛰어나다.

일본산 치즈

삿포로 라멘,
스스키노 주변에는
절반 사이즈가
있다

오고죠

삿포로 출신의 남편 아오쇼고 씨와 가고시마 출신의
부인 쇼코 씨가 둘이서 꾸려가는 선술집. 일 잘하는
두 사람이 손님 맞이를 하고 요리에는 모두 정성이 담겨
있다. 단골손님이 차례차례 들어와, 현지인의 일상을
접해 따뜻한 기분이 되었다. 만두피도 직접 만든다.

札幌市中央区大通西11-4 大通藤井ビルB2
☎ 011-206-7634

나가오 셰프

프랑스 요리 '아키 나가오'

삿포로시 출신의 나가오 아키히로 셰프가
손수 만드는 프랑스 음식. 보기에 아름답고,
홋카이도산을 중심으로 한 재료의 장점을
한껏 끌어낸 요리는 모두 훌륭하다.
걸어갈 만한 곳에 자매점 '프렌치 팬더'와
'버드워칭'도 있다. 모두 다 자연과 와인.

札幌市中央区南3条西3-3 G DINING SAPPORO 1F
☎ 011-206-1789
http://www.aki-nagao.com

삿포로에서 특급으로 24분 이와미자와로 가자!

삿포로에서 약 32킬로미터 떨어진
이와미자와·미카사 주변까지 아주
조금 발길을 뻗어, 철도 팬이 꼭 봐야하는
산업유산과 집념으로 일군
와이너리로 출발!

의기양양

이와미자와역까지는
특급 열차 '슈퍼 카무이'가
편리하다. 현대적이고 날렵한 모양.

경마나 '반에이'
(쓸때 끄는 경마)도
보고 싶어진다

일찍이 썰매 경마를 개최하고 있던
이와미자와역의 플랫폼에는
'썰매 끄는 말 상'이 있다.

이와미자와역

2000년에 3번째 역사가 소실되었고, 2009년에
복합 역사로 전면 개장했다. 굿디자인상 대상,
일본건축학회상, 브루넬상을 수상한 이곳은
내관과 외관이 모두 마치 미술관 같다.
넓은 구내는 탄갱에 의한 과거의 번영과
역사를 말해 준다.

역에서 레일센터로
향하는 통로에 있는
레일 조형물.

이와미자와 레일 센터

이와미자와역에서 보이는 벽돌 건물은 옛 홋카이도
탄광철도 차량 제조 수리를 위한 시설로 근대화 산업유산으로
지정되었다. 외관밖에 볼 수 없지만 한번 볼 만하다.
도내 JR노선에서 사용되는 모든 레일을 가공하였으며,
세이칸 터널의 전체 길이 52킬로미터 길이인 롱레일
제조에도 참여하였다. 빨간 별 마크도!

홋카이도 고유의 품종
'다비지' 재배에
힘을 쏟고 있다.

타키자와 와이너리

다키자와 노부오는 홋카이도 출신으로, 예전에는
커피 전문점을 운영했다고 한다. 57세부터
와인을 만들기 시작해 2년에 걸쳐 밭을 개간해
2008년부터 출시했다. 현재는 피노누아, 소비뇽
블랑, 샤르도네 등 9,000여 그루의 나무가 자란다.
와이너리에는 밭이 한눈에 보이는 가게도 있고
유료 시음도 가능하다.

三笠市川内841-24
☎ 01267-2-6755
http://www.takizawawinery.jp/

전차대와 벽돌 기관차고
1919년에 만들어진
전차대에 아이언호스호가
들어오면, 실제로 움직여서
방향을 전환한다. 원을
그리듯 지어진 벽돌 건물은
메이지 시대에 지어진
기관차고. 차고 3호는
현존하는 가장 오래된
것이다.

오타루시 종합박물관

옛 테미야역, 테미야 기관구의 철거지에
만들어졌으며, 철도계 박물관 시설로는 일본에서
가장 넓은 규모를 자랑한다. 1885년에 수입된
증기기관차 '시즈카호'를 비롯해 홋카이도와 관계된
40량 이상 되는 철도차량이 보존·전시되어 있다.
실제로 안에 들어가거나, 운전석이나 객석에 앉거나
만지거나 아이도 어른도 까불며 떠들고 싶어진다.

小樽市手宮1-3-6
☎ 0134-33-2523
http://www.city.otaru.lg.jp/simin/sisetu/museum/

오타루 운하로 대표되는 건조물과 철도의 발상지

삿포로에서 쾌속으로 30분. 메이지 시대부터
쇼와에 이르기까지 역사적 건조물이 많은
오타루에는, 일본 최대의 철도박물관이 있다.
철도 유산도 많아 철도 애호가라면 꼭 가보길.

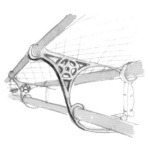

시즈카호 바로 뒤에 전시되어
있는 일등 객차에는, 홋카이도
탄광철도의 사장이 그물 선반
등으로 디자인되어 있다.

제로마일
포인트

홋카이도 철도의 기점
홋카이도 철도가 생겨난 것을
기념해 1942년에 설치됐다.
지어진 곳은 바로
옛 테미야역 구내.

124

제설차량 또는 제설장비를 갖춘
차량이 여덟 대나 있었다. 다른
곳에서는 볼 수 없는 설국만의 전시.

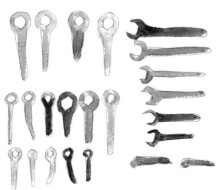

우편하물차
우편차로는 우편물을 운반할
뿐만 아니라, 여기서 우편물을
분류하거나 소인을 찍는 작업도
하고 있었다. 달리는 우체국.

증기기관차 자료관
SL의 부품이나 점검·정비용 공구, 측정기구 등을
한자리에 전시하고 있다. 예를 들어 볼트라고 해도,
이렇게 세세하게 사이즈가 나누어져 있다니 놀라웠다.
그에 따라 공구도 방대하다. 박력이 있는 SL이 이렇게
섬세하게 구성되어 있었다니 놀랍다.

증기기관차 '아이언호스호'
1909년 미국산 기관차는
입장료만으로 무료 승차(여름철만
운행). 작지만 진짜 기관차는 증기를
뿜고, 달랑달랑 종을 울린다.

리스토란테 '토레노'
박물관 입구 앞 차량 안에서 먹을 수 있는
식당이다. 객석뿐 아니라 주방도 차 안에
있다. 박물관 내에는 음식점이 없어 가족
동반자들이 많아 비교적 붐빈다.

버섯과 해산물 크림 츠보야키 수프와
해산물 파스타.

오타루 운하

에도시대부터 청어잡이나 연어잡이가 번성하여, 다이쇼 시대가 되면 매립식 운하가 만들어져 무역이 이루어졌다. 오타루 운하의 내륙 쪽에는 산책로가 있고, 바다 쪽에는 메이지나 다이쇼 시대의 창고들이 늘어서 있다. 정면을 바다 쪽으로 배치하고 있는 것이 항구도시의 특징이다.

오타루역

어디선가 본 적이 있는 것 같다고 생각했는데, 도쿄의 우에노역이 모델이라고 한다. 1934년 세 번째 역사로 만들어졌으며, 2012년 내진 보강공사를 겸해 새롭게 단장되었다. 국가 등록 유형문화재. 현지의 유리회사가 제작한 무수한 램프가, 옛날 항구도시다움을 연출하고 있다.

구 국철 데미야센 유적

홋카이도에서 가장 오래되었고, 일본 내에서 세 번째(또는 네 번째라고도)로 오래된 노선. 홋카이도 개척에 중요한 석탄을 운반하는 역할을 담당해 왔지만, 1985년에 폐선되었다. 오타루 시내 중심부에는 당시의 선로나 역을 남겨두고 산책로로 정비되어 있다. 철로 옆에는 곳곳에 안내판과 철도 기념물이 있다.

증류소 견학은 예약이 필수

닛카 위스키 요이치 증류소

역에서 바로 코앞에 증류소가 있다. 이 거리가 닛카 위스키Nikka Whisky에서 발전했음을 알 수 있다. 타케츠루 마사타카와 아내 리타의 마음이 전해져오는 것 같은 건물 모습과 청동 포트스틸(pot still. 단식증류기)을 볼 수 있다.

余市郡余市町黒川町7-6
☎ 0135-23-3131
http://www.nikka.com/distilleries/yoichi/

석조 건물

창고군을 비롯한 많은 석조 건물은 서양식 돌로 쌓은 것이 아니라 일본식 목조 골조에 외벽에 연석軟石을 고정시킨 '목골석조' 구조. 오타루에서는 1887년 경부터 짓기 시작해 그 후 큰 불이 난 것을 계기로 방화성이 높은 목골석조가 퍼졌다. 연석은 오타루나 삿포로 근교에서 채취되었다.

같은 직종의 것과 구별하기 위해 건물 외벽에는 글자나 기호로 만든 표시를 했다.

창고 건축에 붙은 샤치호코는 전국에서도 드물다.

小樽市稲穂3-10-16
☎ 0134-23-2446
http://otaru-sankaku.com

산카쿠 시장

오타루역과 국도 사이에 위치하고 있어 확실히 '삼각'을 느낄 수 있는 재미있는 공간이다. 1948년 경, 오타루역 앞의 노점상 몇 개가 가게를 낸 것을 시작으로, 아침 시장으로 발전했다. 1957년의 건물에 맛좋은 가게가 많고 회, 해물덮밥 등을 먹을 수 있는 식당도 있다.

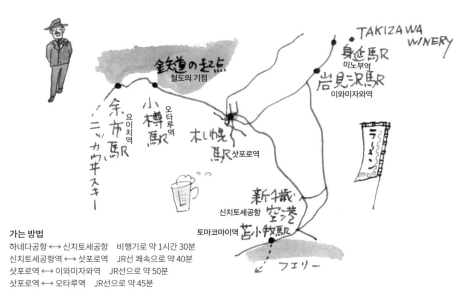

가는 방법

하네다공항 ↔ 신치토세공항　비행기로 약 1시간 30분
신치토세공항역 ↔ 삿포로역　JR선 쾌속으로 약 40분
삿포로역 ↔ 이와미자와역　JR선으로 약 50분
삿포로역 ↔ 오타루역　JR선으로 약 45분

127

 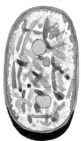 

웰니스 하쿠요우칸 코우리야마 지점

아이즈와카마츠역
'아이즈 쿠라다시 벤토'
말린 대구와 토종닭을 귀중한
단백질원으로 고안한 향토 음식.
아이즈다움을 느낄 수 있는
정성스럽고 소박한 맛. 아이즈
칠기의 이단 찬합에 지혜가 가득
담겨 있다. 다가시(막과자)가
딸려오는 것이 특징이다.

전통에 뒷받침된
지역 문화

아이즈 철도에 한가로이 흔들리기 몇 시간. 아름다운 경치를 바라보면서
도착한 곳은, 겨울에는 깊은 눈에 갇힌다고 하는 아이즈와카마츠.
마을의 상징 츠루가 성이나 성시를 조금 걷는 것만으로도, 사방이 산에
둘러싸인 이 분지가, 면밀하게 계획된 도시임을 알 수 있다. 에도로부터
쇼와 초기에 이르는 사적이나 건물이 많이 남아 있는, 소박하고 멋진 거리.
그중에서도 나누카마치 주변에는, 지역 산업으로서도 중요했던 아이즈
옻칠의 칠기점이나 일본주 창고가 있어서 거리 풍경은 중후한 느낌이다.
내부 견학을 할 수 있는 곳도 있고 지도 없이 거닐기만 해도 매력 있는
건물을 쉽게 만날 수 있다. 품과 시간을 들인 향토 음식은 모두 맛이 깊고,
눈이 쌓이는 땅에서 단백질원을 얻는 지혜가 듬뿍 담겨 있다.
그밖에도 철도, 온천, 역사, 미술관과 자료관 등 볼거리가 가득하다.
그때마다 주제를 좁혀 몇 번이나 방문하고 싶은 거리다.

증기기관차 '반에츠 모노가타리' 호
아이즈와카마츠역의 플랫폼에서 검은 연기를
내뿜는 증기기관차는 니가타역까지 약 3시간 30분
정도 운행한다. 팬들 사이에서는 '귀부인'이라고
불리는데, 1946년에 만들어진 차체는 지역
유지에 의해 부활했다. 열차 안은 등받이가 높고,
차분한 빨간색 좌석과 클래식한 조명기구가
내부 장식으로, 녹색 차는 복고풍이다.

129

거리의 서양식 건축

전통적인 목조건물에 토장, 서양식 근대건축 등 근사한 건물들이 거리에 많이 있어 가이드북 없이도 산책을 즐길 수 있다. 마음에 든 것은 채소인 순무를 모티브로 한 나누카마치의 종묘 가게. 릴리프나 창의 난간, 간판의 순무가 사랑스럽다.

요리 여관 '타고토'

향토 음식이 먹고 싶어서, 창업 80년이 넘은 요리 여관 '타코토'에 갔다. 청어 산초절임, 은어 소금구이, 옛날 농사일이나 산일을 하러 갈 때 원통형 나무그릇에 밥을 담았다는 '왓파메시' 등, 독특한 음식을 먹을 수 있다. 겨우내 단백질원을 얻는 지혜가 담긴, 시간과 정성을 들인 음식으로, 정말 맛있었다.

会津若松市城北町5-15
☎ 0242-24-7500
http://tagoto-aizu.com

130

아이즈 지방의 향토 완구. '베코'는 토호쿠 방언으로 '소'라는 뜻. 빨강에는 마귀를 피하는 효과가 있다고 한다.

사자에도

높이 16.5미터, 육각 삼층으로 보기에도
이채로운 건물은 1796년 건축. 주지스님이
고안하여 세계 건축사에서도 특이하며,
국가 중요 문화재로 지정되어 있다.
나선형으로 된 통로는 같은 곳을 지나가지
않고, 일방통행으로 오르내리는 신기한 공간.

会津若松市一箕町八幡弁天下1404
http://www.geocities.jp/aizu_sazaedo/

사바코유

이자카 온천에서 가장 오래된 공동목욕탕으로
메이지 시대의 건물을 재현해 1993년에 개장했다.
입욕료는 200엔. 다양한 시도를 해 보고 싶은 사람은
1350엔짜리 '유메구리표'를 구입하면 좋다.

福島市飯坂町湯沢32
☎ 024-542-5223
http://www.iizaka.com/littlespa/littlespa01/

이자카 온천 거리의 매력은
현지인이 다니는 식당이나
선술집을 즐길 수 있다는 것.
원반만두는 꼭 먹어 보길.
맥주를 꿀꺽꿀꺽 마시면서,
따끈따끈, 육즙이 풍부해서
젓가락이 저절로 앞으로 나간다.

역사 깊은 이자카 온천에서 공동목욕탕 순례

소박한 느낌이 좋아 자주 찾던 이자카 온천.
후쿠시마역에서 이자카선의 종점인 이자카 온천역까지
23분. 역 바로 앞에서 스리카미강을 따라 여관과 호텔이
늘어서 있고 걸어서 갈 수 있는 거리에 공동목욕탕이나
온천이 여러 개 있다. 욕탕의 물 온도는 45도! 조심조심.

열차와 함께
빼어난 경치를 즐기는 여행

사계절의 경치를 바라보면서, '아이즈로만호'를 타고 느긋하게 즐겨 보자.
철로 주변에는 경치가 빼어나게 아름다운 곳과 유명한 온천탕이 여기저기
있어 볼거리도 가득하다. 도중에 기차에서 내려도 즐겁다!

무개 화차 '아이즈로만호'

니시와카마츠역에서 아이즈고겐오제구치역까지
21구간을 달리는 아이즈 철도. 시간은 조금 걸리지만
자연을 만끽할 수 있는 노선이다. 기간 한정의 무개 화차
'아이즈로만호'는, 다다미방 열차나 전망차 등,
어느 것이나 다 개성이 넘친다. 쌩쌩 바람이 불어와
자연과 일체가 될 수 있는 것도 매력이다. 무개 화차의
정기운행은 2월~11월. 승차권 외에 어른 300엔의
번호표가 필요하다.

아시노마키 온천역의 명물, 고양이 역장
'바스'가 그려진 무개 화차. 차장님의
제복을 빌려서 기념 촬영도 할 수 있다.

빨간 등불이 마중나오는
다다미방 열차. 자기 자리에서
각각 연회나 가벼운 식사를
즐길 수 있다.

아시노마키 온천역 '소스돈가스덮밥 에키벤'

식당에서 배달해 온 것 같은 분위기의 덮밥 도시락. 쾌속 열차 '아이즈 마운트 익스프레스'의 상하행 각 1편 한정으로 차내에서 먹을 수 있다(2일 전까지 예약 필요). 1927년 개업한 이곳은 처음엔 우유 가게였지만, 곧 중화소바를 파는 식당이 되었다. 현지에서 가장 인기 있는 가게.

아이즈 철도(예약)
☎ 0242-28-5886
http://www.aizutetsudo.jp/info/?p = 902

넉살좋고
뻔뻔스러운
애교

이용객들에게도 큰 인기가 있는 고양이 역장 '바스'.
길 잃은 고양이로 보호되어, 아시노마키 온천역의 역무원이 돌보게 되었다. 차기 역장을 노리는 '러브'도 분투 중.

가는 방법
도쿄역 ⟷ 고리야마역　　JR신칸센으로 약 1시간 22분
고리야마역 ⟷ 아이즈와카마츠역　　JR쾌속으로 약 1시간 5분
아사쿠사역 ⟷ 아이즈고겐오제구치역　　도부 철도·노이와 철도로 약 3시간 11분
아이즈 고원 오제역 ⟷ 아이즈와카마츠역　　아이즈 철도로 약 1시간 12분

지금은 운행하지 않지만
30형 전차가 이벤트에서
특별 운행하는 일도 있다.

주로 1000형과 2000형이
달린다. 엔테쓰의 여객용 차량은,
개업 당시부터 최신까지,
대부분이 자사 발주.

엔슈 철도
'엔테쓰'라는 애칭으로 사랑받아 하마마츠 시민의
생활에 뿌리내리고 있는, 2량 편성의 귀여운
전철. 모든 차가 다 선명한 스패니시 레드로
통일되어 있기 때문에 '아카텐'이라고도 불린다.
신하마마츠역~니시카지마역 17.8킬로미터를
운행하는데 한가로운 풍경을 덜컹덜컹 달린다.

엔슈 철도와
덴류하마나코 철도

HAMAMATSU

하마마츠 / 시즈오카현

'야라마이카' 정신을
슬쩍 엿보다

하마마츠산 장어는 즐겨 먹으면서 하마마츠가
어떤 땅인지 모르는 사람도 많지 않을까?
철도를 타고 여행을 하면, 선로 주변에 펼쳐진
사람들의 일상을 접할 수 있다. 그리고
관광안내소와 택시, 음식점 등 여기저기서
눈에 띄는 것이 바로 하마마츠의 엔슈 기질이다.
'어쨌든 해 보자'라는 도전 정신을 소중히 여기는
풍토가, 스즈키나 야마하 등의 기업 정신을
길렀다. 그렇다고는 해도 어딘가 한가로운
방언을 들을 때마다 휴우 하고 마음이
누그러진다.

엔슈 단총 불꽃놀이
어두운 여름에 빛의 기둥처럼
솟아오르고, 폭포처럼 불똥이 흩날리는
단총 불꽃. 간격을 두고 느끼는 그 힘은
'용감하고 씩씩하다'는 한마디밖에
없다. 만드는 방법은 마을마다 다른데
대대로 계승되어 왔다. 최근에는
관광객 유치를 위해 단총 불꽃놀이를
하는 동네모임이 늘고 있다고 한다.

일본차 강사 자격이 있는 미야자키 씨가
전국의 산지를 방문해 선별한 찻잎.
일본차나 과자, 찻주전자를 가게에서
구입할 수 있다.

오차노마노오토
주택가에 있는 일반 민가를 일본식
카페로 개조했다. 나무를 아낌없이
사용한 현대 일본식 공간은 빛과
그림자를 테마로 하고 있다.
정성스럽게 담아 낸 녹차의
깊이에 감동! 가까운 세키시역에서
3킬로미터 떨어져 거리가 조금
있지만, 일부러 찾아갈 만하다.

시즈오카를 중심으로
전국의 일본차가 모여 있다.
적정 온도로 덮어 주어,
어떤 찻잎도 색이 아름답다.

浜松市東区半田山5-25-1
☎ 053-443-8750
http://ocha-noto.com/

토리이소스
1924년 창업 때부터 계속 사용해 온
나무통에서 1~2개월 숙성시킨 무첨가
안심 조미료. 가능한 한 현지에서 구입한
채소를 사용하는 '우스터소스'를
비롯해, 사과를 넣어 졸인 '쥬노소스' 등,
종류도 다양하다.

공장 견학은 예약 필수.
하마마츠 시내의
슈퍼마켓에서도 살 수 있다.

浜松市中区相生町20-8
☎ 053-461-1575
http://www.torii-sauce.jp

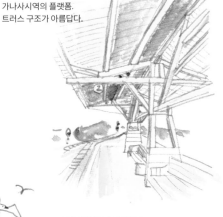

가나사시역의 플랫폼.
트러스 구조가 아름답다.

펄럭펄럭

덥석

겨울에 볼 수 있는 풍경.
엄청나게 많은 갈매기 떼가
오랜 세월 먹이를 주고 길들여서
몇 백 마리나 모이게 되었다고
한다.

http://www.tenhama.co.jp/

덴류하마나코 철도
줄여서 '덴하마센'이라고도 불린다.
가케가와역에서 신죠하라 역까지
67.7킬로미터. 니시카지마역은 엔슈
철도와의 분기점이다. 전체적으로 작은
역사가 많고, 그곳에 카페와 레스토랑,
라멘 가게, 약국 등의 점포가 하나로
모여 있는 것이 재미있다. 철로 주변에는
근대화 유산이 많다.

浜名湖佐久米駅
天竜浜名湖鉄道

가나사시역에 있는
철근콘크리트로
높이 지은 저수조.

통행표를 주고받는
기구가 재미있는 형태의
예술 작품 같다.

덴류후타마타역
역사나 플랫폼 자체가 국가의
등록 유형문화재로 되어 있다.
구내에는 전차대나 부채꼴의 차고,
운전 지령실 등 눈여겨볼 만한
시설도 가득하고, 향수를
불러일으키는 분위기도 만점!
견학 투어도 매일 개최된다.

136

엔슈 기질이 뒷받침하는
지역산업과 문화

하마마츠 사람들은 지기 싫어한다.
온 동네에 넘치는 엔슈 기질인
'야라마이카(해보지 않을래?)' 정신을
느끼면서 걸어 보는 것도 재미있다.

하마마츠역
JR와 엔슈 철도의 신하마마츠역도
가까이 있다. 엔테쓰 백화점에서
바라보면 저 멀리 보이는 데까지가
거리이다. 높은 빌딩도 보인다.
거대한 원형 버스터미널이 있고 빙글빙글
돌면서 버스가 사람들을 싣고 달린다.

본고장의 장어는 부드럽고
고소하고 맛있다! 가격도
도쿄보다 훨씬 싸다.

하마마츠는 우쓰노미야와
어깨를 나란히 할 만큼
만두가 유명하다. 동그랗게
구워내서 숙주나물을
곁들이는 것이 특징인데
'고미핫친'과 '무츠기쿠'가
특히 만족스럽다.

어쩔 수 없네~

하마마츠의 엔슈 기질은
간사이 지방 근처라서 금전
감각이 예민하다. 공업으로
번창했기 때문에 기질이
거친 것 같다.

쇼와 악기 제조의 하모니카
하마마츠의 기간산업의 하나가
악기 제조인데 하모니카를 전문으로
제조하는 곳은 '쇼와 악기 제조'뿐이다.
연간 약 1만 개를 제조한다. 본격적인
복음 하모니카로부터 어린이용,
선물용까지 하나하나 정밀도가 높게
조율을 한다. 1947년에 창업한 공장은
견학도 가능하다.

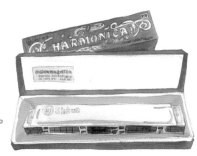

쇼와 하모니카. 기술을
결집하여 특히 정확하게
조율·정음되어 있다.

浜松市中区上島1-8-55
☎ 053-471-4341
http://www.syowagakki.co.jp

137

浜松市中区上島1-8-55
☎ 053-471-4341
http://www.syowagakki.co.jp

하마마츠 마츠리회관

일본 3대 사구(砂丘, 모래언덕)의 하나인 나카타 사구에서 매년 5월에 '실 끊기 전투' 축제가 열린다. 커다란 연의 실을 서로 얽히게 하여, 마찰로 끊어 상대방 연을 떨어뜨린다. 연은 아무리 커도 대나무와 종이, 삼베 연줄로 만드는 원시적인 구조다. 이곳에는 2~10장짜리부터 최대 25장의 커다란 연이 전시되어 있다.

마츠리의 밤에 시내에서 '고텐야타이'를 끌고 다니는 걸 볼 수 있다. 산노초 포장마차는 1871년에 만들어졌는데, 하마마츠에 현재 남아 있는 것들 중에 가장 오래된 것이다.

하마마츠시 천문대

'성공관망회'와 '태양·낮별 관망회'를 비롯해 유성군, 추석의 보름달, 이동천체관망회, 천문강좌, 천문대축제 등 다양한 행사를 개최해 천문의 매력을 알리고 있다. 대망원경으로 하늘을 자유롭게 볼 수 있다.

浜松市南区福島町242-1
☎ 053-425-9158
http://www.city.hamamatsu.shizuoka.jp/s-kumin/hao/

마이사카 교코
동트기 전 마이사카 어항에서
엔슈나다를 향하여 출항. 선예망
어업과 자망어업, 가다랑어 인승
낚시와 자연산 복어 연승어업 등
다양한 방법으로 물고기 잡는데
성수기에는 배가 96척이나 나온다.
5~8월에는 매달 아침 시장이
열린다.

하마나 어업 협동조합
浜松市西区舞阪町舞阪2119-19

작은 꽃무늬와 작은 동물무늬를
장식한 컬러풀한 작업복으로 멋내는
것도 잊지 않는 선주의 부인들.

하마나코 빠루빠루
하마마츠 시민에게는 친숙한 유원지.
1,100엔이라는 합리적인 입장료를
내면 동심으로 돌아갈 수 있다.
오쿠사산의 정상을 목표로 하는
'칸잔지 로프웨이'에서 바라보는
전망은 360도 대파노라마.
주변에 칸잔지 온천과 오르골
뮤지엄도 있다!

浜松市西区舘山寺町1891
☎ 053-487-2121
http://pal2.co.jp

나우만 코끼리의 골격 표본.
하마나코 주변에서는 나우만
코끼리의 화석이 많이
발굴되고 있다.

하마마츠시박물관
인근에 있는 시지미즈카(현총) 유적을
비롯해 하마마츠 시내에서 출토된
많은 고고학 자료가 전시되고 있다.
고대를 중심으로 중세에서 근세,
근현대로 시대를 읽는다. 입장료도
저렴하다.

浜松市中区蜆塚4-22-1
☎ 053-456-2208

하마나코 오르골 뮤지엄
약 70점의 귀중한 오르골을 전시하고 있다.
특히 압도적인 크기와 화려함을 자랑하는
자동연주 '페어그라운드 오르간'은 마츠리나
유원지, 만국박람회 등 야외에서 사용됐던
것이다. 꼭두각시 인형의 움직임과 타악기가
더해져 꿈의 시간이 차례차례 펼쳐진다.

浜松市西区館山寺1891
☎ 053-487-2121
http://www.hamanako-orgel.jp

가는 방법
도쿄역 ↔ 하마마츠역　　JR신칸센으로 약 1시간 30분
신하마마츠역 ↔ 덴류후타마타역　엔슈 철도와 덴류하마나코선으로 약 50분

시즈오카는 에키벤의 보고
에키벤과 함께 열차여행을 즐기다

과연 일본 제일의 신칸센이 멈추어서는 현답게,
특징 있는 에키벤과 만날 수 있다. 경치를
바라보면서 도시락 여행을 해 보면 어떨까?

아타미역
'구운 금눈돔과 전갱이 초밥'
전갱이 초밥은 담백하게,
구운 금눈돔 초밥은 구운 지방
맛이 좋다. 그 위에 입가심으로
먹는 매실 초밥과 히로시마
채소 초밥이 들어간 도시락은
고급스럽다.

도카켄

후지노미야역
'후지노미야 야키소바 야키벤'
JR동해 미노부센의 역. B급
미식 느낌이 날 만큼 와일드하고
호쾌하게 그릇에 담고서 새우,
오징어, 가리비에 양배추가 듬뿍.
돼지기름을 짜내고 남은 돼지 등
부위의 부스러기 고기를 사용한
것이 특징이다.

후요켄

신후지역 '다케토리 모노가타리'
일본에서 가장 오래된 이야기
'다케토리 모노가타리'와 연고가
있는 지역의 하나가 후지시. 이야기의
마지막에 후지산이 등장하는 것에서
유래했다. 대바구니에는 죽순,
달에 비긴 밤졸임(간로니),
스루가만의 사쿠라에비, 금눈돔,
삶은 땅콩이 들어간 밥이
입맛을 돋군다.

후요켄

다고노우라에서 본 후지산. 이 근처는
도카이도 53번째의 역참 마을인 요시하라
역참(여관)이 번창했던 곳이다.

141

시즈오카역 '차메시 도시락'
일본 제일의 차 산지답게, 말차를
넣어 밥을 지어서 향기가 풍부하다.
녹색이 선명한 차메시(찻밥)와
곁들여진, 일심삼엽의 찻잎도
마음에 든다. 포장지에는 후지산과
차아가씨가 그려져 있다.

도카이켄

시즈오카역 '샌드위치'
1889년에 발매된 스테디셀러. 촉촉한
빵에 햄이나 계란의 소박한 맛을 더했다.
양식이 그림의 떡이었던 시대에
서민들에게도 손이 가는 양식이 바로
샌드위치 도시락이다.

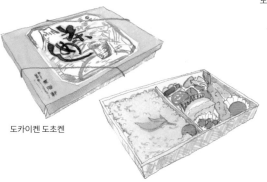

도카이켄 도초켄

하마마츠역 '하마마츠 우나기메시'
두툼한 장어 꼬치구이는 쫄깃하고 포만감이
충분하다. 조미한 국물을 섞은 밥은 계란 지단을
깔아 호화로운 분위기를 연출한다. 일본산
장어를 사용. 그 외에 '우나기메시(장어밥)'나
'히쓰마부시(장어덮밥)'도 훌륭하다.

미시마역 · 누마즈역
'미나토아지 스시(항구 전갱이 초밥)'
와사비의 줄기가 들어간 초밥을 와사비
잎으로 감싼 것과, 식초에 절인 전갱이를
띠 모양의 자소(차조기) 잎으로 감은 것, 전갱이
김초밥 등 세 가지 전갱이 초밥을 맛볼 수 있다.
생와사비와 강판이 들어 있다.

지소테이

신조하라역 '우나기 도시락'
텐하마센의 서쪽 종점인
신조하라역에서 판매하는 도시락.
일본에서 유일하게 생산자가
만드는 장어 에키벤은 1조각들이,
2조각들이, 1마리들이 등
세 종류다. 현지인도 구입하기
때문에 신문지에 포장해 준다.

역의 장어집 야마요시

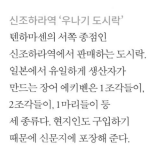

4

오래된 거리에서
역사를
느끼는 여행

자연에서 피어난
가나자와 문화

KANAZAWA, NOTO

가나자와 · 노토 / 이시카와현

호쿠리쿠 신칸센의 개통으로
훨씬 가까이에

카가번조 마에다 도시이에 이래, 번주가 문화
사업을 장려한 것으로부터, 공예나 예능 등의
전통문화가 지금도 살아 숨 쉬는 곳 가나자와.
교토 풍과 에도 풍이 어우러진 집들이 늘어선 거리
풍경과 음식문화를 엿볼 수 있다. 예전에는
조에쓰 신칸센과 호쿠호쿠센을 갈아탔지만
호쿠리쿠 신칸센이 개통되면서 바다를 훨씬
가까운 보게 되었다. 가나자와에서 문화수준이
높은 관광명소를 둘러보고, 다리를 뻗으면
갑자기 변해 시간이 느긋하게 흐른다.

아메노 타와라야

1830년에 창업한, 가나자와에서 가장 오래된 엿 가게.
임팩트 있는 포렴이 걸려 있는데, '지로아메'는 물엿
모양의 부드러운 엿을 말한다. '아와아메'는 양질의
찹쌀을 사용한 독자적인 제조법으로 건강 증진과
자연식으로 요리에 사용하는 것도 좋다.

金沢市小橋町2-4
☎ 076-252-2079
http://www.ame-tawaraya.co.jp

찻집 거리

지금은 정비되어 건전한 분위기지만,
1820년에 카가번에서 공인한 유곽이었다.
흩어져 있던 것을 계획적으로 여러 곳에
모아서 정리해, 구획 정리가 되었다. 가즈에마치,
서곽, 동곽, 북곽 아타고, 잇사카가 있었는데,
지금은 큰 순서대로 히가시차야가이,
니시차야가이, 가즈에마치가 가나자와의
'세 찻집 거리'라고 부른다.

옛 유곽 거리가 관광 명소로 변신

튀어나온 격자창이 아름다운, 오래된 건물이
늘어선 찻집 거리. 낮에는 관광객들이
산책하고, 저녁때부터는 요염한 샤미센
연주가 흘러나오며 찻집 영업이 시작된다.

시마

1820년에 지어진 이래, 그대로 남아 있다.
홍각색 벽의 방도 있다. 국가 중요 문화재.
견학하는 것 외에도, 찻집에서 말차와 과자도
즐길 수 있다.

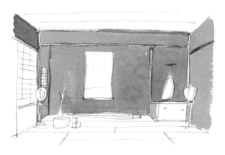

카이카로

히가시차야 거리의 중간쯤에 있는, 가나자와에서
가장 큰 찻집. 이 고장 특유의 군청색 벽의 방도
있다. 가나자와시 지정 보존건물. 밤에는
처음 온 분은 출입금지, 낮에는 일반인에게도
공개하고 있다.

金沢市東山1-13-21
☎ 076-252-5675
http://www.ochaya-shima.com

金沢市東山1-14-8
☎ 076-253-0591
http://www.kaikaro.jp

아사노가와강에 접한
가즈에마치는, 가나자와다운
조망이 멋지다. 뒤얽힌
뒷골목도 특이하고, 찻집 거리를
산책하기에 적합하다.

니시겐반 사무소

겐반은 게이샤들의 연습장 겸 관리사무소를
말한다. 일본 건축이 늘어선 서쪽 찻집 거리에
있어, 작지만 한층 눈에 띄는 서양식 건축으로
1922년에 지어졌다. 우진각 지붕 외벽에
판자를 깔아, 현관의 포치도 특징적이다.
덧붙여 말하면 화류계나 유곽가에서는 부채를
본뜬 벽돌담이나 다리 등을 흔히 볼 수 있다.

金沢市野町2-25-17

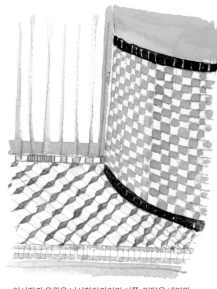

이시자카 유곽은 니시차야가이의 서쪽. 언덕을 내려와
작은 하천을 건넌 결계 건너편에는 타일을 사용하던
당시의 모습 그대로다. 동쪽과 서쪽이 달라, 서양식을
본뜬 디자인이 특징이다.

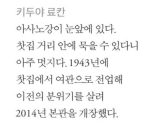

키두야 료칸

아사노강이 눈앞에 있다.
찻집 거리 안에 묵을 수 있다니
아주 멋지다. 1943년에
찻집에서 여관으로 전업해
이전의 분위기를 살려
2014년 본관을 개장했다.

金沢市主計町3-8
☎ 076-221-3388

나베 요리는
일본 요리의 으뜸

메뉴는 바다에서 나는 제철
해산물과 본고장 채소를
사용한 전통 전골 한 가지뿐이다.
모든 방이 독방이며, 조리에서
그릇 나누어주는 것까지 종업원이
다 해 준다. 운치 있는 가즈에마치
거리를 걸을 수 있다.

146

金沢市主計町2-7
☎ 076-231-5152
http://www.nabe-no-tarou.com

냠냠

오자키 신사

카가번의 4대 번주 마에다 미쓰타카가
증조부인 도쿠가와 이에야스 공을 모시기
위해서 건립했다. 닛코 도쇼쿠의 축도라고도
하며, 붉은 칠에 화려한 조각과 장식용
쇠장식이 새겨져 있다. 국가 중요 문화재.

金沢市丸の内5-5
☎ 076-231-0127

산킨로

2층짜리 상가가 많은 가운데, 사이가와 천변의
목조 4층 건물이 눈길을 끈다. 1922년에
건축된 이래, 몇 번 증축을 해서 조각보와 같은
무시무시한 외관이 되었다. 가까이 다가가 보면
창문에는 스테인드글라스가 있다. 가나자와시
지정 보존건조물.

金沢市寺町5-1-38
☎ 076-241-3617

켄로쿠엔

일본 3대 유명 정원의 하나로, 에도시대의
대표적인 다이묘 정원. 다리가 두 개인
코토지토로 석등이 이 정원의 상징이다.
겨울의 유키즈리나 라이트 업 등으로
사계절이 다 아름답다. 1774년에 지어진
정원 내 가장 오래된 유가오테이는,
당시의 모습을 그대로 지금까지
전해오는 찻집.

147

金沢市兼六町1-4
☎ 076-234-3800
http://www.pref.ishikawa.jp/siro-niwa/kenrokuen/

텐토쿠인

마에다 가문의 3대 번주인 마에다
도시쓰네의 본처 타마히메의 보리사.
다마히메는 현모양처, 일본 여성의
거울로서 가나자와 시민에게
사랑받고 있다. 꼭두각시
인형극을 상연하거나,
정원을 바라보면서 말차를
마시는 자리이기도 하다.

金沢市小立野4-4-4
http://tentokuin.arunke.biz/

148

가나자와 신텐지

산책 중에 헤매던, 가타마치의 뒷골목에 있는 복고풍의
구석진 곳. 조그만 요릿집에 초밥집, 선술집, 담배 가게,
과자 가게, 레코드 가게, 헌옷 가게, 노래방 등
작은 가게들이 늘어서 있다. 길가의 지장보살이나
공동 화장실에도 쇼와 시대 분위기가 감돈다.

http://www.kanazawa-shintenchi.com

가나자와역

2015년 3월에 호쿠리쿠 신칸센이
가나자와까지 개통. 도쿄에서
약 2시간 반이면 갈 수 있다. 세계에서
가장 아름다운 역이라는 가나자와역.
동쪽 광장에는 유리로 된 '모테나시돔'과,
역 정면에는 북을 형상화한 '츠즈미몬'이
가나자와의 새 얼굴이 되었다.

金沢市広坂1-2-1
☎ 076-220-2800
http://www.kanazawa21.jp

가나자와 21세기미술관

2004년에 문을 연, SANAA)가
설계한 인기 있는 미술관. 가나자와
중심에 있어 관광객뿐만 아니라
시민들에게도 널리 사랑받고 있다.
건축과 현대 아트가 어우러져
이렇게 거리에 개방된 미술관이
어디 또 있을까.

이시카와 현립역사박물관

육군 무기고였다가, 전쟁 후에는
가나자와 미술공예대학으로 사용되었다.
박물관으로 재활용하게 되면서
외관은 창건 당시를 충실히 복원하였다.
국가 중요 문화재, 일본건축학회상 수상.

金沢市出羽町3-1
☎ 076-262-3236
http://ishikawa-rekihaku.jp

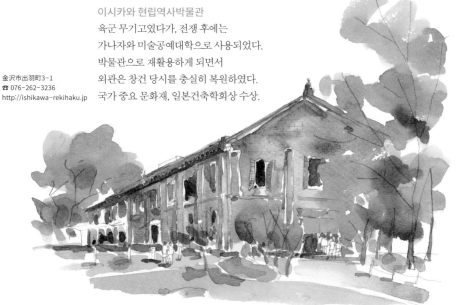

'가노가니'라 불리는 수컷 대게는
겨울철 미각의 왕이다.
암컷인 '고바고가니'는 서민의 맛.

오미초 시장

해산물을 비롯해 '카가채소'를 취급하는
가게가 많아, 저녁 4~5시 경에는 문을
닫는다. 시민의 부엌으로서 현지에서는
'오'에 악센트를 두어 '오미초'라고
부른다. 관광객도 많아 초밥, 해물덮밥,
회정식 등을 먹을 수 있는 가게도 많다.

http://ohmicho-ichiba.com

음식의 보고 가나자와의
전통 기술이 빛나는 맛

거센 파도에 자라 살이 단단한 생선에
'카가채소'를 더한 풍부한 식재료를 사용한
독특한 요리나 과자에도, 역사와 문화가
나타나 있다.

코마츠야스케

가나자와에서 가장 좋아하는 초밥집.
80세가 넘은 주인의 독특하고
경쾌한 말투와 상냥하게 웃는 얼굴로
작업하는 모습은, 마치 공연 무대를
보는 것 같다. 그의 일거수일투족을
넋을 잃고 보게 된다. 인기 가게여서
예약도 쉽지 않다.

金沢市池田町2-21-1
☎ 076-261-6809

150

라쿠간 모로에야

경사스러운 복가마니, 요술방망이, 사금주머니를 본뜬
쌀 전병의 겉면. 그 안에 행운을 비는 작은 토우(흙인형)나
별사탕이 들어간 '후쿠도쿠 센베이'. 매년 12월 중에만
제조된다. 어떤 운세 점이 나올지 궁금하다.

金沢市野町1-3-59
☎ 076-245-2854
http://moroeya.co.jp/

가나자와 우라타

상자 안에 아기가 웃는 것 같은 얼굴이
북적대고 있는 '기상 모나카'. 재수가
좋은 오뚝이 풍의 모나카 과자에는
팥소가 가득해 축하 선물이나 병문안
선물로도 환영받는다.

미카게점
金沢市御影町21-14
☎ 076-243-1719
http://www.urata-k.co.jp/

가가후 후무로야

가가 요리의 '지부니'에는 빼놓을 수 없는
'수다레부'(밀개떡) 등, 이곳에서는 독자적인
밀개떡이 만들어져 왔다. 그중에서도 유명한
것은 즉석 수프인 '다카라노후'. 모나카 같은
밀개떡구이에 구멍을 뚫어 끓인 물을 부으면,
가운데서 퉁퉁 불어서 건더기가 떠올라 온다.

金沢市尾張町2-3-1
http://www.fumuroya.co.jp

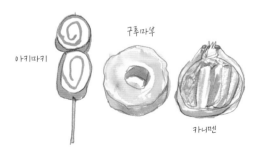

아키마키

구루마부

카니멘

아카다마 본점

다른 지방에서는 볼 수 없는 오뎅 종류가
여러 가지. 구루마부, 골뱅이, 조금
고급스러운 게 껍데기에 살이나 게장을
채운 '게면' 등. 가나자와시는 일본 최고의
오뎅을 먹을 수 있는 지역이다!

金沢市片町2-21-2
☎ 076-223-3330
http://www.oden-akadama.com

마가키노 사토

작은 만을 따라 대나무 울타리로 빙 둘러싸인
마을의 경치는 신기하다. 바닷바람만 아니라
인간도 거부하는 듯한 일종의 독특한
분위기가 풍긴다. 약 3~5미터 길이의
가느다란 대나무를 빈틈없이 늘어놓아,
겨울에는 따뜻하고 여름에는 시원하다.
카미오자와마치와 오자와마치의 두 군데에
흩어져 있다.

輪島市 町野町 曽々木

와지마·스즈·나나오-
노토반도를 돌아보다

몹시 거칠고 지나치게 가혹하게 보이는 자연과,
사람과 건물이 함께 살고 있는 곳, 노토能登.
그곳에는 자연을 공경하며 사는 사람들의
지혜와 전통의 기술이 있다.

깜짝 놀랄 정도로 맛있는 '소소기 명수'.
영산 이와쿠라테라야마에 스며든 물이
지층 깊숙한 곳에서 솟아나온 것.

오쿠노토 염전 마을

마을이라고 해 봤자 소박한 오두막이
몇 채 있을 뿐이다. 500년쯤 전부터
거의 변함없는 방법으로 소금을 만들고
있다. 미네랄이 풍부한 맛은 바다 내음
그대로다. '미치노에키(도로의 휴게소)
스즈엔덴무라(수주 염전 마을)'와 가깝고
자료관도 있다.

珠洲市清水町1-58-1
☎ 0768-87-2040
http://enden.jp

시라요네 센마이다

바다와 계단식 논의 대비가 아름답다.
바다를 바라보는 낭떠러지에 그 이름처럼
좁은 논이 약 천 30만 평 있다고 한다.

152

옛날 그대로의 농법도 부활시키고 있다.
일본의 계단식 논 100선, 국가지정 문화재
명승, 세계농업유산으로도 인정받고 있다.

輪島市白米町
http://senmaida.wajima-kankou.jp

타카기 신지 건축연구소

타카기 신지야말로 와지마의 전통적인
건물이나 거리의 모습을 부활시킨 주역이다.
현지의 재료나 공법을 이용해서 와지마를 비롯한
가나자와 등에서 많은 설계를 직접 하고 있다.
대표적인 건물로 '히요시약국'이나 '이치나카야
본점', '갤러리 콰이QUAI', '와지마야젠니
칠기 장인의 집', '사카모토 여관' 등이 있다.

'갤러리 콰이'
현대 생활 속의 옻칠에
도전하는 이 가게는
노출 콘크리트 공법.

輪島市河井町1-7-13

히요시약국
輪島市河井町1-64-1

'이치나카야 본점'
가게 주인이 만든
와지마 칠기는 미적
감각이 뛰어나다.

輪島市河井町2-16-1

사카모토 료칸

방에는 텔레비전도, 화장실도, 에어컨도
없고, 콘센트조차도 숨겨져 있다. 일상을
잊고 오로지 자연을 느끼게 하는 숙소.
현지의 식재료를 사용한 요리나, 이로리
주변에서 주인장과 나누는 수다도 즐겁다.

珠洲市上戸町寺社15-47
☎ 0768-82-0584
http://www.asahi-net.or.jp/~na9s-skmt/

輪島市河井町1-82-3
☎ 0768-22-5811
http://wajimayazenni.co.jp/

와지마야젠니 칠기 장인의 집
전시 판매 갤러리

도사(칠기 장인)란 옻칠하는 장인을
말하는데 와지마의 도사 문화가 가장
찬란했던 에도시대 후기부터 메이지
후기에 지었다. 폐옥이 된 건물을 1990년에
크게 보수했다. 칠기뿐만 아니라
건물에까지 듬뿍 옻칠이 되어 있다.

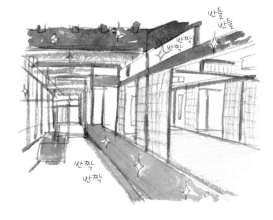

반들
반들

반짝
반짝

반짝
반짝

153

다시마 해산물 취급하는 곳 시라이
홋카이도산 다시마를 비롯해 청어와
노토 지역의 해조류 등을 취급한다.
다시마는 종류가 많고, 노토의 큰실말은
결이 가늘고 섬세하다. 쌀겨로 익힌
청어 조림도 일품이다. 보기 좋게, 잘게
나누어져 있어 선물로도 좋다. 친절한
주인 아주머니가 뭐든지 알려 준다.

七尾市一本杉町100
☎ 0767-53-0589

JR나나오선과 노토 철도
쓰바타역에서 와쿠라 온천역까지는 JR서일본 노선.
이전에는 와지마, 타코지마까지 연장되었지만
지금은 와쿠라 온천역–아나미즈역 사이에는
노토 철도가 운행되고 있고, 아나미즈역–타코지마역
사이는 폐선되었다. 이전의 종점이었던 타코지마역
근처에는 폐선 자리에 열차가 놓여 있다.
풀이 무성하게 자라난 길을 따라 천천히 걸었다.

七尾市一本杉町29
☎ 0767-52-0368
http://po5.nsk.ne.jp/~
shouyutorii

도리이 간장 가게

스즈산 콩과 나카노토산 밀을
나무통에서 2년간 숙성시킨 '나무통에
빚어 넣은 천연 간장'과, 묽은 간장에
가다랑어, 다시마, 표고버섯이 농축된
'다시쯔유'는 이 가게의 주력 상품이다.
1926년 창업한 이래 옛날 그대로의
설비와 도구로 직접 만들고 있다.

경사나 액막이 등,
인생의 고비에 이용되는
노토의 명과 '나가마시'.

신부 포렴

결혼식에 신부가 친정의 문장을 넣은 포렴을
가져와 시대 불간의 입구에 걸어 둔다. 서민의
풍습이지만, 대부분은 비단 제품으로 화려하다.
매년 5월에 약 2주간, 잇폰스기도리 상가를
중심으로 100매 이상이 각 점포에 장식된다.

http://ipponsugi.sakura.ne.jp/noren/

컬러풀한 가키모찌는 얇게
자른 떡을 줄로 묶어 처마
밑에 말려서 만든다고 한다.

가는 방법

하네다공항 ↔ 코마츠공항　　비행기로 약 1시간
고마쓰공항 ↔ 가나자와역　　공항 특급 버스로 약 40분
도쿄역 ↔ 가나자와역　　JR신칸센으로 약 2시간 30분
가나자와역 ↔ 나나오역　　JR특급으로 약 50분
나나오역 ↔ 아나미즈이역　　철도로 약 45분
가나자와역 ↔ 와지마시　　특급 버스로 약 2시간

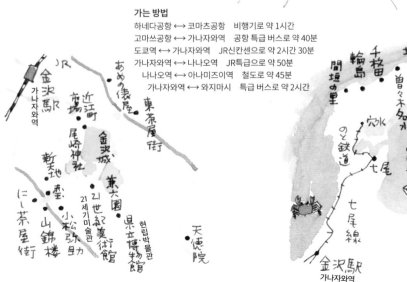

155

농촌 지역사회의
옛 풍경에 스며들기

TAKAYAMA, SHIRAKAWAGOU, GOKAYAMA

타카야마 · 시라카와고 · 고카야마 / 기후현

얼굴을 내미는
판넬도 사루보보

사루보보

눈, 코, 입이 없는 붉은 얼굴의 인형에, 처음에는 조금 섬뜩한 느낌이
들었지만, 점점 유머러스하게 보이기 시작했다. 기후현 히다지방에서
옛날부터 만들어지고 있는 이 인형은 부적으로 쓰이며 사랑받았다.
방언으로 아기를 '보보'라고 하며, 사루보보는 '원숭이 아기'라는 의미로,
재앙이 사라진다, 가내 원만과 길흉을 가리기도 한다. 붉은 색에는
악령을 쫓아내는 효험이 있다고 여겨졌다.

크면 무섭다

대체적으로
5개가 꽂혀 있는
모양이다

미타라시 당고 가게

길모퉁이에 작은 포장마차 같은 경단 집이
있어서 지날 때마다 구운 경단의 간장 향기에
이끌린다. 산책할 때 손에 들고 먹기 좋을
정도로 작다.

낡은 건물이 많이 남아 있는 성시

'히다타카야마'라고 하는 경우가 많은데, 타카야마는 성시, 히다 지방은
농촌으로 각각 다른 역사와 운치를 지니고 있다. 1986년 국제관광 시범지구로
지정돼 관광도시로 조성했던 타카야마에는 예부터 내려오는 상가와
현대의 잡화점, 카페, 레스토랑, 기념품 가게 등이 함께 공존하고 있다.
특히 상인 마을로 발달한 우에마치, 시타마치의 세 갈래 길은 '오래된 거리'라고
불리며 국가 선정 중요 전통적 건축물군 보존 지구가 되었다.
거리에는 격자의 목조 가옥들이 늘어서 있고, 시간이 멈춘 것처럼 느껴진다.
줄지어 늘어선 격자에 용수로, 술집에는 삼나무 덩어리가 드리워져,
어딘지 모르게 추억 돋는 그리운 풍경이다.

여기요!

떵-하게
앉아 있다

하나, 둘, 셋

우리 밭에서 난 것,
맛있어요

고도가 높고 참깨가 자라지 않아
들깨 열매를 대신 먹는다.
요리법이나, 타카야마의 기후, 역사,
아줌마들의 지혜를 배운다.

미야가와 아침 시장과 진야마에 아침 시장
매일 열리는 두 개의 아침 시장. 희귀한 토종 채소와
과일, 꽃, 절임 등이 어우러져 자연과 더불어 살아가는
이곳 사람들의 음식문화와 생활을 엿볼 수 있다.
신선한 채소를 사고 싶은 마음은 굴뚝같지만,
여행지임을 감안해 건어물만 사기로 했다.

미야가와 아침 시장은 강바람에 나부끼는
버드나무가 운치를 더한다. 진야마에
아침 시장은 그리 멀지 않은 거리에 있다.

그 주변에 나고 있을 거야
옛날부터의 지혜
한방 담구나

신뜨기란 포자 줄기

쇠뜨기 얼룩조릿대
삼백초
쇠망치   500엔

쇠뜨기는 예로부터 "의사가 필요 없다."고
말하며, 차로 마신다. 산초 열매는 후추 빻는
기구에 넣어 갈면 좋은 향기가 난다.

카미나카 료칸

성시엔 어딜 가도 유곽이 있다. 이 근처가
하나오카카쿠라 불리기 시작한 것은 메이지
중기부터인데 이곳은 1888년에 창업한
전형적인 유곽 건축이다. 지금은 료칸으로
운영 중이지만 가라하부의 현관이나
창살의 외관은 처음 모습과 비슷하다.
국가 등록 유형문화재이기도 하다.

高山市花岡町1-5
☎ 0577-32-0451
http://kaminaka.info

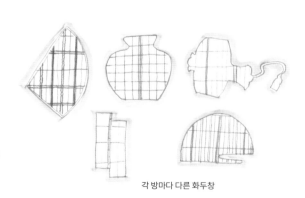

각 방마다 다른 화두창

방 이름을 딴 입구 문의 투각

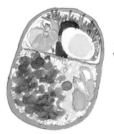

히다 규동

하다규 우동

히다규 스시

에비센
(새우전병)

'초레아'
양념장이
곁들어짐

타카야마역 '가이운 사루보보 도시락'
1873년에 창업한 노포 에키벤 가게
'킨가메칸'에서 파는 도시락. 달콤한
쇠고기 조림이 메인이고 용기 안에
사루보보 끈이 숨겨져 있다.

히다규 스시
여러 매장에서 판매된다.
가격은 음식점과 고기의 등급,
부위에 따라 다르다.

타카야마의 향토 음식
히다규를 맛있게 먹다

자주 볼 수 있는 것이 타카야마의
명물 쇠고기인 '히다규' 간판.
전문점에 스테이크집, 샤브샤브, 햄버거,
주먹밥, 꼬치까지 종류가 다양하다.

키친 '히다'
점심으로 먹은 것은 저렴한 히다규 스테이크.
기대 이상으로 맛있었다. 굽는 맛도 절묘하고,
육즙이 전체적으로 퍼져 촉촉하다.

高山市本町1-21
☎ 0577-32-0147
http://www.tengu.jp/

텐구 총본점
거리 한복판에 있는 정육점 건물은 눈길을 끌 만큼
독특하다. 1927년에 창업했으며 국가 등록 유형
문화재로 등재되었다. 이런 건물이 아직까지 남아
있고, 게다가 상점으로 사용되고 있다는 점이 매우
기쁘다. 정육점 진열장에는 아름다운 히다규가
꽂혀서 죽 늘어서 있다. 가져갈 수는 없고, 포장된
가공식으로 '히다규 비프 카레'를 구입했다. 옆에는
히다규 식당과 카레하우스가 나란히 붙어 있다.

161

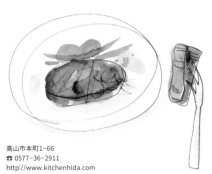

高山市本町1-66
☎ 0577-36-2911
http://www.kitchenhida.com

선물의 풍경까지
갓쇼즈쿠리

치
링

치
링

치
링

스케치를 하거나 사진을 찍으며
느긋한 시간의 흐름을 맛본다.

앗! 라이벌들도
열심히 스케치하고
있어

갓쇼즈쿠리의 마을 시라카와고·고카야마로

자동차로 산간 지역으로 올라가면 점점 더
깊어져, 일본 옛이야기에 나오는 풍경들이
보인다. 세계유산에도 등록된 일본의 원풍경을
찾아서, 시라카와고(기후현)와 고카야마(토야마현)
노아이노쿠라·스가누마 지구에 발을 내디뎠다.

갓쇼즈쿠리
손바닥을 맞댄 것 같은 삼각형
모양으로 짜는 통나무 조를
'합장'이라고 부르는 것에 유래했다.
폭설과 폭우를 감안한 지붕의 경사는
약 45도~60도. 초기에 지어진
집일수록 경사가 완만하다. 내부로
들어갈 수 있는 민가도 있고,
눈 많고 척박한 자연에 대응하는
구조, 생활과 생업을 하나로 합친
합리적인 건물임을 알 수 있다.
사람들의 지혜에서 나온 이 훌륭한
건축물은 참으로 멋지다. 지붕
교체는 15~20년마다 이루어진다.

162

사라카와고는 1976년에
중요 전통 건조물 보존지구로
선정되었다.

세 개 마을 중 가장 북쪽에 있는 아이노구라는, 시라카와고보다 훨씬 소박한 모습이다. 주로 에도시대 말기부터 메이지 시대 말기에 지어진 민가는, 단면이 정삼각형에 가까운 가파른 지붕이 특징이다. 경관이 매우 아름답다.

가는 방법
타카야마역에서 시라카와고로 가는 버스는 하루에 12번 왕복. 다카오카역, 신다카오카역, 가나자와역, 도야마역에서 고카야마로 버스가 운행되고 있다.

시라카와고 관광협회
☎ 0576-96-1013
http://shirakawa-go.gr.jp/

고카야마 종합안내소
☎ 0763-66-2468
http://www.gokayama-info.jp/

163

이국의 문화가
녹아든 거리

NAGASAKI

나가사키 / 나가사키현

쇄국을 모르는
매혹의 엑조티시즘

에도시대의 긴 쇄국 시대에 나가사키만은 일본에서 유일한 무역항으로
해외로 열려 있었다. 그 엑조티시즘(이국의 정취에 탐닉하는 경향)은 교회를
비롯해 거리의 건물, 절충 양식의 주택, 음식 등 곳곳에서 느껴진다.
그리고 2015년 세계문화유산이 된 '군함도(군칸지마)'가 있다. 사실은
악천후로 아쉽게도 상륙하지 못하고 먼발치에서만 바라보고 왔다.
이것도 여행의 해프닝이 아닐까. 언젠가 반드시 다시 방문할 테다!

구라바엔

메이지 시대에 지어진 아홉 개의 서양식 저택이 현존하고 있다.
그중에서 스코틀랜드의 무역상인 토마스 브레이크 구라바의
저택은 현재 남아 있는 일본에서 가장 오래된 목조 서양식
주택으로 국가 중요 문화재로 지정되었고, 2015년 7월에는
'규슈 야마구치의 근대화 산업 유산군'의 구성 자산 중 하나로
세계유산 등재가 결정되었다. 나가사키항을 내려다보는 전망이
좋고 작은 유럽을 연상시키는 이국적인 풍경이 눈길을 끈다.

長崎市南山手町8-1
☎ 095-822-8223
http://www.glover-garden.jp

나가사키 전기 궤도

나가사키 시내의 이동은 노면
전차가 편리하다. 번화가에서
관광지까지 어디를 가더라도
120엔으로, 매우 양심적인
요금으로, 500엔짜리
일일승차권을 사면 하루 종일
마음껏 탈 수 있다!

http://www.naga-den.com/

메가네바시

국가 중요 문화재로 지정되어 있는
일본에서 가장 오래된 아치형 돌다리.
수면에 비친 그림자가 안경으로
보인다 하여 붙여진 이름이라고 한다.
니혼바시, 긴타이바시와 함께
일본 3대 다리 중 하나로 꼽힌다.

165

메가네바시가 걸린
나카지마강의 호안이나
그라버엔에는 군데군데 하트
모양의 돌이 파묻혀 있다.

교회

오우라 천주당과 우라카미 천주당을 비롯해, 나가사키에서는 많은 교회를 볼 수 있다. 일본 최초의 그리스도교 무사가 탄생하는 등, 기독교의 전래와 번영, 전국시대부터의 금교령 등에 의한 탄압과 250년간의 잠복기, 그리고 부활 및 포교의 역사를 말해 준다며, 최근 세계유산으로 등재하려는 움직임도 있다.

군함도로 가는 배에서 바라본 천주교 마고메 성당.

가톨릭 카미노시마 교회와 계시 받는 마리아.

군함도

세계문화유산으로 등록되어 주목을 받고 있는 군함도. 예전에는 탄갱으로 번창하고 다이쇼 초기에는 일본 최초의 철근 콘크리트 공동주택이 만들어지는 등 당시에는 최첨단 도시로, 초과밀 인구밀도였다. 석탄에서 석유로 바뀌면서 쇠퇴했고 1974년 무인도로 변했다.

일본식 외관도
많이 볼 수 있다.

화류계·마루야마 일대를 거닐다

나가사키에서 가장 번화한 거리의
한 모퉁이에는, 에도시대에 에도의 요시하라,
교토의 시마바라와 함께 3대 유곽으로 번성했던
'마루야마 유곽'이 있다.

차양에 아르가 쓰인
서양식 외관.

마루야마 유곽

마루야마초와 요리아이초로 이루어져, 주변은 번화가로
바뀌었다. 요시하라나 시마하라가 도시계획적인 사각형의
토지인데 반해, 나가사키답게 기복이 심한 지형에는 좁은
골목길이나 비탈길, 돌계단에 옛 건축물의 흔적이 보인다.
나가사키 검번이나 현역 요정의 자취도 남아 있어,
시안바시(궁리다리)나 시노비사카(몰래비탈길) 등, 관련되는
이름에도 운치가 느껴진다.

시안바시

나가사키 전기 궤도의
시안바시 정류장에서 바로
떨어진 나가사키에서 가장
큰 환락가. 강은 땅속으로 낸
도랑으로 바뀌었고 다리는
이제 없다. 마루야마 유곽에
갈까 말까 궁리했기 때문에
시안바시(궁리 다리)란
이름이 붙었다고 한다.

167

시안바시를 따라가면 한 그루의 버드나무가
바람에 나부낀다. 유곽의 손님들이 돌아오면서
아쉬워하며 돌아보았다고 해서 '돌아보는
버드나무'라 불렀다.

나가사키 부라부라부시

마루야마 일대를 걷고 있으면, 종이 우산에
초롱의 독특한 가로등이 눈길을 끈다.
'부라부라부시'는 나가사키 민요로,
연회석에서 노래를 부르기 때문에 변형이
많아 자유로운 노래라고 한다. 실존했던
마루야마 유곽의 게이샤를 모델로 한
나카니시 레이의 소설이 영화화되고
요시나가 소유리가 주연을 맡았다.

야나기코지도리

'돌아보는 버드나무' 옆으로는 삼거리가
있고, 완만하게 휘어진 좁은 골목에 작은
스낵집과 일품요리집이 즐비한 동네.
그 끝에는 도자 시장이 있다.

사적 요정 카게쯔

1642년에 창업한 나가사키현의
사적으로 지정된 '사적 요정'.
네덜란드나 포르투갈,
중국의 요리를 일본식으로
변형한 나가사키의 향토 음식,
싯포쿠 요리를 먹을 수 있다.

長崎市丸山町2-1
☎ 095-822-0191
http://www.ryoutei-kagetsu.co.jp/

나가사키 켄반
켄반이란, 화류계의 게이샤들이
연습을 하거나 게이샤들이
준비 등을 하는 사무소를 말한다.
유곽의 기루였던 세워진 지
100년 이상된 '쇼케츠로'의
건물을 사용하고 있다.

長崎市丸山町4-1

나가사키 경찰서
마루야마초 파출소
마루야마 유곽 입구에 있는,
석조 스테인드글라스가 멋스런
파출소이다. 환락가에 있는
파출소가 이렇게 멋지다니.

長崎市丸山町1-37

마루야마 오란다자카
마루야마 근처에는 비탈길이나 계단이 많다.
에도시대의 유곽 거리부터 있는 비탈길로,
오란다 자카보다도 오래되었다. 일설에는
마루야마 유녀가 데지마로 향하기 위해,
눈에 띄지 않는 이 언덕을 지나갔다고 한다.
데지마에 유일하게 출입할 수 있었던 것은
'오란다 이키'라고 일컫는 마루야마초나
야요리초의 유녀뿐이었다.

나가사키 신치 차이나타운
일본 3대 차이나타운의 하나.
노면전차에서 하차한 것은
근처의 츠키마치 정류장. 과연
이 근처가 매립지라고 하는 것을
알 수 있는 지명이다. 동서남북
입구에는 각각 중화문이 있다.
작은 강의 다리를 건너 중화문을
빠져나가니, 그곳은 아주 아담한
거리였다. 40여 개 정도의
가게에는 번화한 장식이 있거나,
대조적으로 초라한 거리도 있다.

북문의 '현무문'을 지나면
조그만 중화 거리가 나타난다!

나가사키에서 처음 먹어본
짬뽕. 가게 세 군데에서 먹어
보았지만, 최고!라는 곳은
아직 만나지 못했다. 분홍과
초록의 한펜이 이국정서를
느끼게 한다.

와카란 문화를 만끽하다

일본의 와和, 중국의 카華, 네덜란드의
란蘭이 어우러져 나가사키 문화가
형성되었다. 나가사키 짬뽕이나 싯포쿠
요리(일본식 중국요리)로 대표되는, 교역의
땅에서 볼 수 있는 혼합 문화를 즐겨 보자!

분메이도 총본점
1900년 나가사키에서 창업해,
1922년 도쿄로 진출해
전국적으로 유명해졌다.

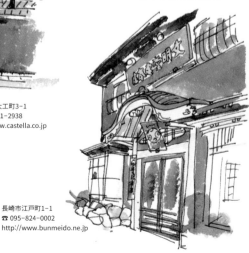

카스테라 본가 후쿠사야 본점
나가사키 카스테라의 원조라
일컬어진다. 1624년에 창업.
후쿠오카, 도쿄 등지에도 직판점이
있지만, 이 본점은 역사를 느낄 수
있는 건물로 유명하다. 수작업으로
제조하며, 첨가물을 전혀 사용하지
않는다.

長崎市船大工町3-1
☎ 095-821-2938
http://www.castella.co.jp

長崎市江戸町1-1
☎ 095-824-0002
http://www.bunmeido.ne.jp

주먹밥 전문점 '카니야'

주먹밥과 오차즈케 전문점. 카운터에는 대나무 통에
담긴 자반고등어, 젓갈, 닭 미소시루, 해파리 등 20여 종의
식재료가 진열돼 있으며, 초밥처럼 방금 만든 주먹밥을
소쿠리에 담아 내놓는다. 다다미방 객석에서는
현지 손님이 계속 주먹밥을 주문하고 새벽 3시까지
영업을 하는 환락가 상인들도 이곳을 찾는다.

長崎市銅座町10-2
☎ 095-823-4232
http://www.kaniya.org

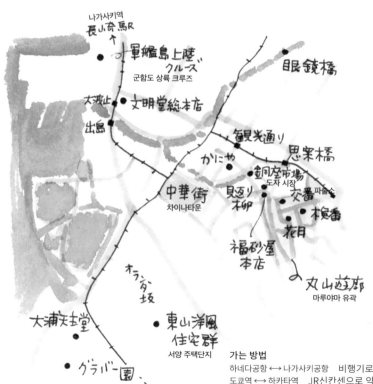

171

가는 방법

하네다공항 ←→ 나가사키공항　비행기로 약 1시간 40분
도쿄역 ←→ 하카타역　JR신칸센으로 약 5시간
하카타역 ←→ 나가사키역　JR특급으로 약 2시간

여행자의 수첩

초판 1쇄 발행 2022년 9월 25일

글·그림 나카다 에리 | 옮김 엄혜숙
펴낸이 오연조 | 디자인 성미화 | 경영지원 김은희
펴낸곳 페이퍼스토리 | 출판등록 2010년 11월 11일 제 2010-000161호
주소 경기도 고양시 일산동구 정발산로 24 웨스턴타워 T1 707호
전화 031-926-3397 | 팩스 031-901-5122
이메일 book@sangsangschool.co.kr

ISBN 978-89-98690-69-4   13980